Business Skills
×
IT Skills

業務自動化の
「計画」「設計」から
Copilot活用まで

Microsoft Power Automate 快速仕事術

椎野磨美

技術評論社

はじめに

業務の自動化を活用した「仕事術」が求められる時代

これまで、何かを創り出すシゴトは、「自動化」が難しいと言われていました。ところが、ChatGPTに代表される生成AIを使えば、膨大な情報を要約してくれるだけでなく、過去の膨大な情報から新しいものを創り出せる時代になってきました。

生成AIの登場によって「プロンプター」と呼ばれる職種、回答や意見を引き出すために使用される文章やフレーズ（プロンプト）の作り方や考え方を教えるシゴトが生まれたように、新しい技術やサービスの登場によって新しいシゴトが誕生する時代でもあります。

また、**サービスの利点を享受し、効率的かつ効果的に業務を進めることができれば、「自分らしい働き方を、自らの手でデザインできる」時代**でもあります。

新しい技術やサービスの進化に伴い、ヒトがヒトにしかできないシゴトに集中し、自ら考え、自らの手で「業務の自動化」を設計・計画・実現できることが求められる時代がやってきたといってもいいでしょう。

次々に登場する新しいツールやサービスの機能を見極め、進化の方向性やタイミングを見定めた上で使いこなしていくスキルが、今まで以上に求められているのです。

Microsoft Power Automateが選ばれている理由

Microsoft Power Automate（以降Power Automate）は、**さまざまなクラウドサービス**[1]**を連携させ、自動処理を作成するためのサービス**です。Microsoft TeamsやOutlook、Google Driveといったクラウドサービスは、それぞれ単体のサービスとして利用できますが、**Power Automateを使って連携させることで、定型業務を一連の処理として自動化することができます。**

例えば、受信メールの添付ファイルを特定のフォルダに保存したい場合、作業が自動化されていなければ、毎回、手動で添付ファイルを特定のフォルダ

1　クラウドサービスとは、従来は利用者が手元のコンピュータで利用していたデータやソフトウェアを、インターネット経由で「サービス」として利用者に提供しているものを指します。

に保存する必要があります。ところが、Power Automateを利用して、受信メールの添付ファイルを特定のフォルダに保存されるように自動処理を作成しておけば、手動でファイルを保存する作業から解放されるといった具合です。この例のように、PCを使った定型作業は**1回あたりの作業時間は短くても、何度も繰り返されることで多くの時間を費やしている**ことがあります。1回あたりが短時間な定型作業であっても、Power Automateで自動化することができれば、日々の業務を効率化できるのです。

Power Automateの特徴は、「ノーコード・ローコード開発ができる」ことです。「ノーコード・ローコード開発」は言葉どおり、コンピュータへの指示となるソースコードをまったく書かない、もしくは、ほとんど書かないでアプリケーションを開発することです。

ノーコード・ローコード開発プラットフォームを使用しない、従来型の開発の場合、コンピュータ、ネットワーク、セキュリティ、プログラミングといった高度な専門知識を有した開発者が膨大な量のソースコードをコーディングする必要があります。そのため、従来型の開発は、業務の網羅範囲や開発要件の難易度に関係なく、さまざまな種類の開発ができる一方、高度で複雑なプログラミングができる専門家に依頼する必要があります。

一方で、Power Automateのようなノーコード・ローコード開発プラットフォームを利用することで、**複雑で専門的なプログラミングコードを書かなくても開発が可能になり、専門家に依頼をしなくても、自分の業務の効率化を自らの手で実現できるようになったのです。**

「ビジネススキル」×「ITスキル」書籍のシリーズ化の背景

「あなたが楽しいと感じる、進んでやりたい業務は何ですか？」

これは、組織の業務改善をはじめる前に、最初に問いかける言葉です。「残業時間の30％削減」「生産効率の15％向上」といった定量的な改善や改革が求められる世界に、「楽しいと感じる」「進んでやりたい」といった定性的な観点を確認している意図は、ヒトの思考や感情が行動の源泉であり、業務の効率や効果に影響を与えるからです。

本書は、Power Automateの使い方（ITスキル）と業務の課題解決スキル（ビジネススキル）の両方のスキルを習得するための実用書であり、前著『Teams仕事術』のシリーズ本にあたります。

各章で具体的な業務シナリオに沿ってクラウドフローを作成しながらPower Automateの「使い方」を習得する構成になっており、「ITスキル」×「ビジネススキル」の両方の観点から、具体的なアクションを紹介しています。

Power Automateで業務を自動化する場合、**どのサービスを組み合わせて自動化を実現するかは単一解ではありません。**前提条件や状況に応じて、最適なサービスを選択できる選択眼が重要になります。そのため、ビジネススキルが磨かれていないと、問題や課題の解決ではなく「Power Automateで自動化すること」が目的になってしまう、いわゆる「手段の目的化」に陥りがちです。「書籍のとおり作っておわり」ではなく、自分の頭で考えて自動化する「応用力」が身につけられるよう、Power Automateの機能や使い方だけでなく、ビジネススキルにも意識を向けて読み進めていただければと思います。

汎用性がある業務シナリオをテーマに「業務の効率化」と「業務の自動化」を考える構成にしているので、ご自身の業務に「最適化」しながら、「応用力」を磨く一助になれば嬉しいです。

本書を執筆している間にも、Power AutomateやCopilotの進化が進み、出版時には、機能が大きく変わっているかもしれません。それでもこのテーマで執筆することを決めたのは、表面上は変わったように見えることでも、本当は変わっていない「モノゴトの本質」や「大切なこと」を見極め、ツールやサービスを利活用することができれば、「楽しいと思える働き方を自らの手で選択できる」ことを伝えたかったからです。

本書が、読んでくださった方々の人生を豊かにし、自己の可能性を広げ、将来のチャンスをつかむ一助になることを願っています。

2024年9月　椎野磨美

［目次］

第2章 Power Automateと自動化のキホンを押さえる

第3章 重要な連絡を見逃さない！ 対応速度の最速化

第4章 シゴトのためのシゴトを増やさない！ リマインドの自動化

第5章 シゴトの流れを止めない！承認フローの最短化

第6章 探す時間をゼロにする！ファイル管理の自動化

第7章 Power Automateで Copilotを使いこなす

第1章

Power Automateと自動化のイメージをつかむ

第1章では、簡単なクラウドフローの作成を通じて、Power Automateでフローを作成する際の流れ（①クラウドサービスの準備・②フローの作成・③作成したフローのテスト実行・④作成したフローの編集）とPower Automateの基本操作を習得します。あわせて、フローの作成方法による違いについても理解します。

本章の目標

- Power Automateでフローの作成・テスト実行・編集ができる
- Power Automateのフローの作成方法による違いを理解する
- Power Platformで提供される各サービスの概要を理解する

Power Automateとは何かを理解する

Power Automateは、Microsoftが提供するクラウドサービス[1]で、**さまざまなクラウドサービスを連携させ、「業務の自動化を実現する」ためのツール**です。

Power AutomateのようなRPAツール[2]が登場する前は、メールをするのであればOutlookやGmail、ビジネスチャットをするのであればTeamsやSlack、ファイルを保存・共有するのであればOneDriveやBoxというように、目的に応じたクラウドサービスを単体で利用していました。もちろん、メール、ビジネスチャット、ファイル管理といった、それぞれの目的を達成するのであれば、各クラウドサービスを単体で利用すればよいわけですが、**実際の業務では、クラウドサービスを組み合わせて使用している場面は少なくありません。**

例えば、「受信メールの添付ファイルをまとめて管理したい」場合、OutlookやGmailで受信したメールの添付ファイルを、手動でOneDriveやBoxにアップロードしています。Power Automateを使ってクラウドサービスを連携すると、手動で行っていた作業を自動化できるので、受信メールの添付ファイルを自動でOneDriveやBoxにアップロードさせることができます。

1回あたりの作業が短時間であったとしても、PCを使う一連の定型作業を手動で続けることは非効率です。また、ヒトが手動で作業を行う場合、オペレーションミスが発生するリスクもあります。**定型作業の自動化は、業務の効率化に加えて、ヒトが引き起こすオペレーションミスを防止することにもつながります。**

1 クラウドサービスとは、従来は利用者が手元のコンピュータで利用していたデータやソフトウェアを、インターネット経由で「サービス」として利用者に提供しているものです。
2 RPAとは、Robotic Process Automationの略で、PCを利用した業務を自動化する仕組みや概念のことです。

図1-1 Power Automateでできること

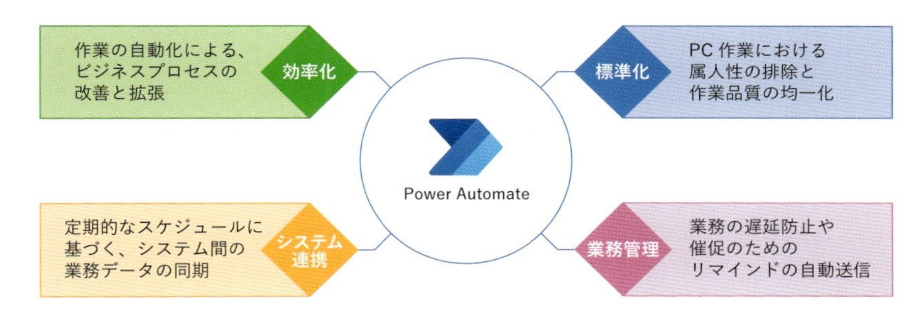

Power Platformの5つのサービスの共通点

Power Automateは、**Microsoft Power Platform**によって提供されるサービスの1つでもあります。「Power Automate（プロセスの自動化）」「Power Apps（ビジネスアプリ開発）」「Power BI（リアルタイムデータ分析）」「Microsoft Copilot Studio（生成AIによるAIアシスタント開発）」「Power Pages（Webサイト開発）」の5つのサービスを総称して、「Microsoft Power Platform」（以降Power Platform）と呼びます（2024年9月1日現在）。

図1-2 Microsoft Power Platform

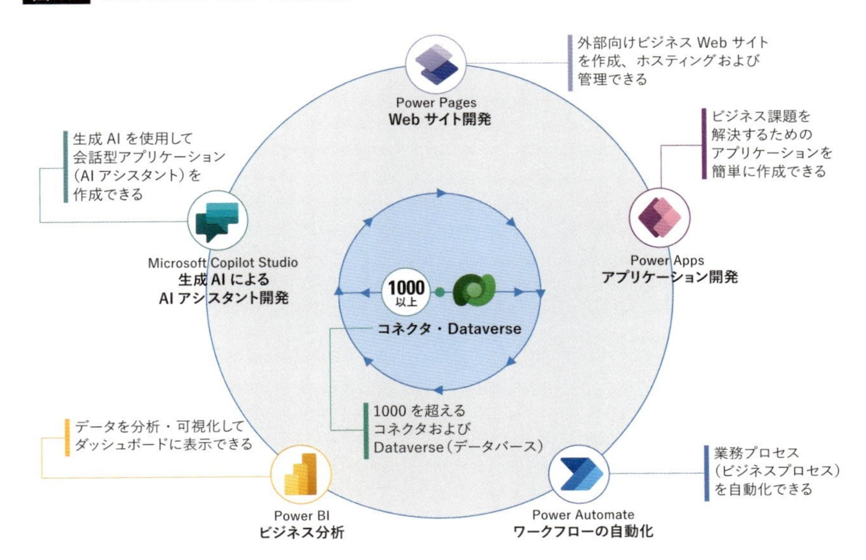

Power Platformに含まれる5つのサービスの共通点は、「ノーコード・ローコード開発ができる」ことです。 次節で早速体験していただきますが、「ノーコード・ローコード開発」とは言葉どおり、コンピュータへの指示となるソースコードをまったく書かない、もしくは、ほとんど書かないでアプリケーションを開発することです。

Power Automateのライセンス

Power Automateを利用する場合、Power Automateのライセンスが必要になります。例えば、所属組織で法人向けのMicrosoft 365を契約している場合、Microsoft 365に含まれているPower Automateのライセンスを利用することができます。

標準コネクタ（P.36参照）を利用したクラウドフロー（P.15参照）の作成であれば、Microsoft 365に含まれるライセンスで作成することができます。ただし、このライセンスの用途はMicrosoft 365の拡張に限定されているため、「Microsoft 365以外の他社のクラウドサービスと連携したい」「Power Automate for desktopと組み合わせて利用したい」など、さらに多くの機能を利用したい場合は、「Power Automate Premium」の購入を検討してください。契約ライセンスによるサービスの違いについては、Microsoftのサイトで最新情報を確認するようにしてください[3]。

表1-1 ライセンスの種類

	Microsoft 365に包含されているライセンス	Power Automate Premium
クラウドフローの作成	○	○
標準コネクタの利用	○	○
プレミアムコネクタの利用		○
Power Automate for desktopとの連携		○
24時間あたりのアクション実行数の上限	6,000	40,000
AI Builderの利用（クレジット）		5,000

3 https://learn.microsoft.com/ja-jp/power-platform/admin/power-automate-licensing/types

Power Automateの3つのフロー

（ワーク）フローとは、「(作業の) 一連の流れ」のことです。例えば、前述の受信メールの添付ファイルをクラウドストレージにアップロードする作業の流れは、次のようになります。

図1-3 フローの一例

①メールを受信する → ②添付ファイルを クラウドストレージに保存する

Power Automateには、図1-4のように、3種類のフローがあります。どのフローを利用して作業を自動化するかは、使用するアプリケーションやサービスの種類によって異なります。

本書の内容は、クラウドサービスの連携によって業務の自動化を実現する「クラウドフロー」を対象にしています。

図1-4 Power Automateの3種類のフロー

クラウドフロー
各クラウドサービス用のコネクタを使って、クラウドサービスをつなげてフローを作成

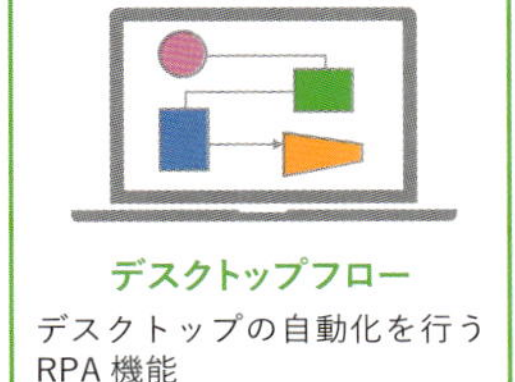

デスクトップフロー
デスクトップの自動化を行うRPA機能

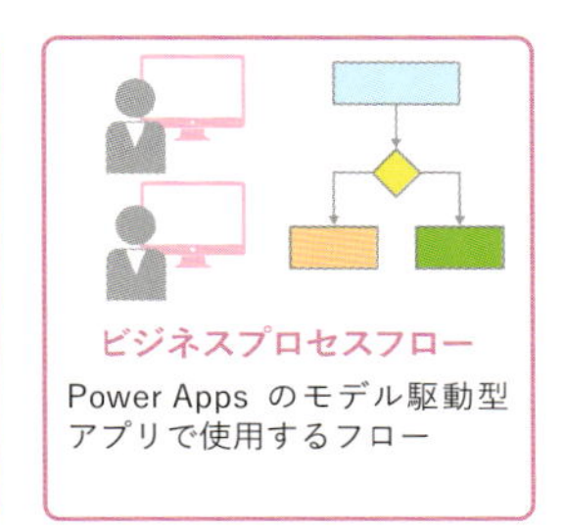

ビジネスプロセスフロー
Power Apps のモデル駆動型アプリで使用するフロー

クラウドフロー

Power Automateはクラウドサービスを連携し、自動処理を作成するツールであることから、Power Automateで作成する自動処理のことを**「クラウドフロー」**と呼びます。国内外のサービスベンダーから多種多様なクラウドサービスが提供されているので、**目的に応じたクラウドサービスを組み合わせることができれば、多くの業務を自動化することができます。**

デスクトップフロー

日々の定型業務には、クラウドサービスを利用しない場合もあります。**PCにインストールされた、PC内でのみ処理が行われるアプリケーションやPCの操作など、ユーザーが使用するPC上で行われる一連の作業を自動化したいといったケースなどです。**

その場合は、Power Automate for desktopと呼ばれるサービスを利用します。Power Automate for desktopは、Windows 10やWindows 11が搭載されたPCであれば、標準でPCにインストールされています。

Power Automate for desktopで作成する自動処理は**「デスクトップフロー」**と呼ばれます。Power Automate for desktopはPower Automateの機能の一部という位置付けになっているので、追加のライセンスを購入することで両者を連携させることも可能です[4]。

ビジネスプロセスフロー

3つめのフローとして、**「ビジネスプロセスフロー」**と呼ばれる自動処理があります。ビジネスプロセスフローを利用すると、事前に定義された一連のステージ（例：案件管理における「リード」→「案件」→「商談化」→「受注」）を使用して、ユーザーがビジネスプロセスを完了することを目的としたフローを作成することができます[5]。ビジネスプロセスフローは、Power AutomateとPower Appsを利用して作成します。

クラウドフローを作成する際の流れ

Power Automateによる自動化のイメージをつかんでいただくために、実習1-1でまずは簡単なフローを作成しましょう。各機能の詳細については2章以降で解説しますので、ここでは難しく考えずに手を動かしてみてください。

フローの作成と自動化の成果を体験し、作業の大まかな流れを把握することが、Power Automateを理解する第一歩です。

4 https://learn.microsoft.com/ja-jp/power-automate/desktop-flows/introduction
5 https://learn.microsoft.com/ja-jp/power-automate/business-process-flows-overview

図1-5 Power Automateでクラウドフローを作成する際の流れ

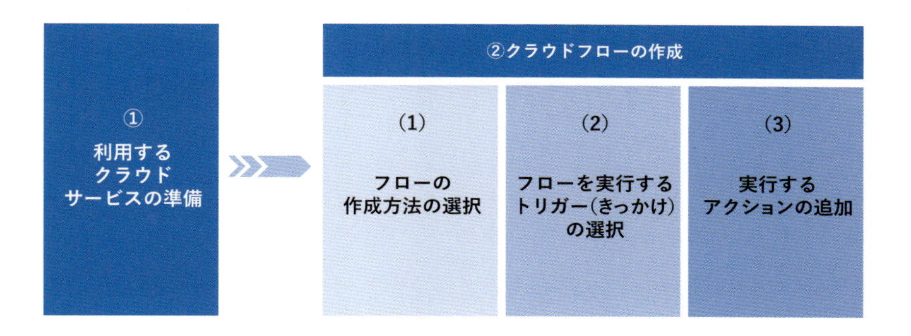

コラム

システム思考で「全体」と「流れ」を把握する

ビジネスパーソンに求められる重要なスキルのひとつに**「システム思考（System Thinking)」**があります。システム思考は、全体を大きな「システム」と捉え、さまざまな要素のつながりを含む全体を俯瞰し、大局の流れを観ることで、より本質的で持続的な効果を創り出すための思考法です。

システム思考を磨くことで、問題や課題の原因の切り分けが速くなり、時間を経てどのように変化するかまでを想定した解決策を考えられるようになります。本書の2章以降の実習で、フロー作成前に業務フローを整理しているのは、業務全体を捉え、大局の流れを観ることで、システム思考を磨くためでもあります。

日々のシゴトにおいても、「全体」と「流れ」を把握することを意識してみましょう。

実習 1-1

Teamsにメッセージを投稿する

実習1-1では、Teamsを利用したフローを作成し、クラウドフローを作成する際の基本的な流れを理解します。

クラウドフローは、複数のクラウドサービスを組み合わせて一連の業務を自動化できますが、この実習のように単体のクラウドサービスのみで利用することも可能です。

利用するクラウドサービスの準備

Power Automateでクラウドフローを作成する前に、フローで利用するクラウドサービスの準備を行います。動作検証ができるように、事前にクラウドフローをテスト実行できる環境も準備しておきましょう。

Teamsにチームとチャネルを作成する

クラウドフローの実行結果であるメッセージを投稿するため、投稿先となるチームとチャネルをTeamsに作成します。Teamsにチームやチャネルを作成する権限がない場合は、管理者にPower Automate検証用のチームとチャネルの作成を依頼してください。

図1-6 Teamsに作成したチームとチャネル

 Power Automateの準備

続いて、Power Automateを使うための準備をしましょう。

Power Automateにアクセスする

Microsoft 365の契約が完了しており、Power Automateが利用可能な場合、Microsoft 365の他のサービスと同様の方法でPower Automateにアクセスできます。

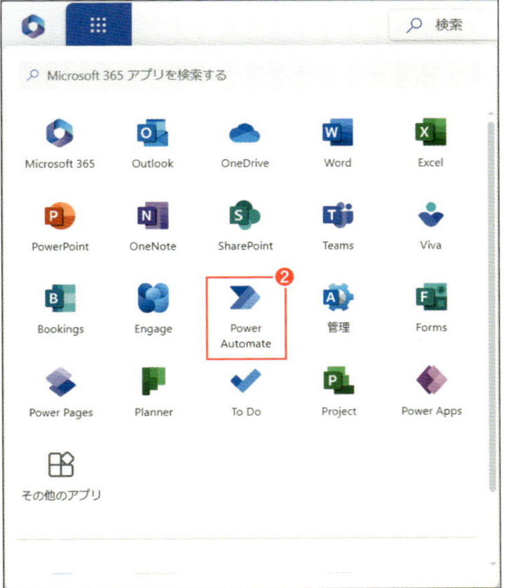

❶Microsoft 365にサインインし、[アプリ起動ツール]または[アプリ]をクリックします。
❷Power Automateをクリックします。

Power Automateの画面構成を確認する

Power Automateの画面は、2つのパートから構成されています。画面左側に表示されるナビゲーションウィンドウのメニューから項目を選択すると、画面右側の領域が切り替わります。なお、2024年9月現在では、[詳細]の方の詳細のみ、別のタブページが起動します[6]。

表1-2 ナビゲーションウィンドウの主なメニュー

メニュー	説明
ホーム	Power Automate のホーム画面に移動する
作成	クラウドフローを作成する画面が表示される
テンプレート	テンプレートを利用してクラウドフローを作成する
詳細（[詳細]）	Power Automate の機能や解説記事などがまとめられた Microsoft の Web サイトに移動する
マイフロー	自分が作成した Power Automate のフロー（クラウドフローおよびデスクトップフロー）と他者から共有されたフローの一覧が表示される
承認	受信／送信済みの承認ワークフローの一覧が表示される
詳細（[… 詳細]）	ナビゲーションウィンドウに固定表示するアイテムをカスタマイズすることができる

6 Power Automateの学習サイト「Microsoft Learn」（https://learn.microsoft.com/ja-jp/power-automate）が開きます。

クラウドフローの作成

Power Automateでクラウドフローを作成する場合、表1-3の4つの方法があります。

表1-3 クラウドフローを作成する4つの方法

画面	テンプレート	コネクタ	一から開始	Microsoft Copilot
難易度	初級〜中級	中級〜上級	中級〜上級	中級〜上級
概要	既に用意されているテンプレートを使用して作成	使用したいサービス（アプリ）を選んで作成	最初のきっかけ（トリガー）を選んで作成	Microsoft Copilotによる自動作成
説明	既存のテンプレートを使用するので、効率よくワークフローを作成可能。 テンプレートをカスタマイズすることもできる。	OutlookやFormsなど、最初のきっかけ（トリガー）となるサービスやアプリを選び、フローの作成を開始する。 作業開始後の流れは「一から開始」と同じ。	「一から開始」で作成するクラウドフローは、以下の4種類。 ・「自動化したクラウドフロー」 ・「インスタント クラウドフロー」 ・「スケジュール済みクラウドフロー」 ・「記述して作成する」	作成したいワークフローをプロンプトで入力(自然言語で指示)することで、Microsoft Copilotがフローを自動生成する。 フローの生成に自然言語を利用するため、作成者がどのように表現するかによって、フローの精度が異なる。 「一から開始」の「記述して作成する」を利用して作成する。

クラウドフローを作成する

Power Automateのクラウドフローの作成は、以下の方法で開始します。

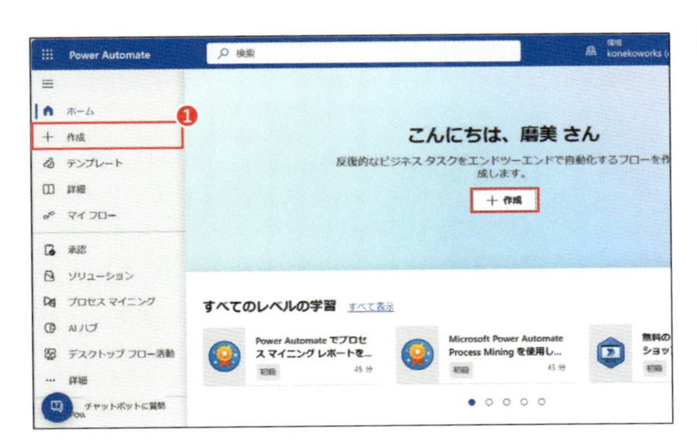

❶Power Automateのメニューから[＋作成]、または「ホーム」画面上部の[＋作成]ボタンをクリックします[7]。

7 Microsoft Copilotの環境が有効になっている場合は、「ホーム」画面上の［＋作成］は表示されません。Microsoft Copilotの利用については第7章で紹介します。

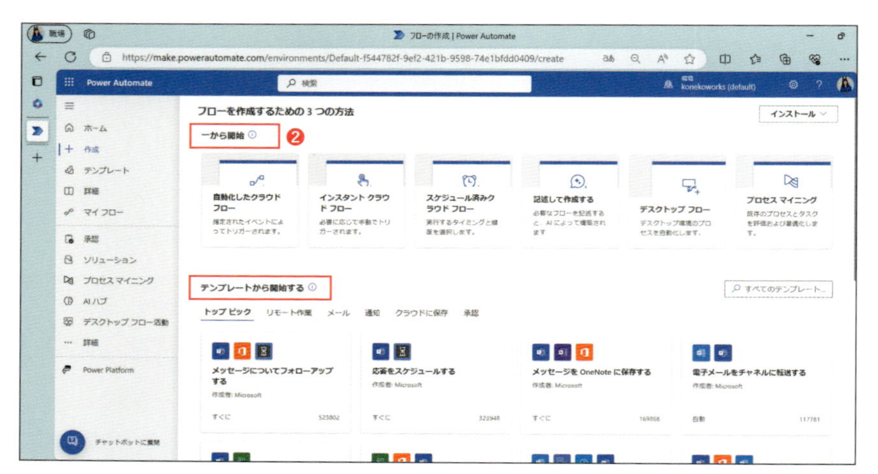

❷画面をスクロールすると、「一から開始」「テンプレートから開始する」「コネクタから始める」が表示されているので、いずれかの方法を選択します。

「インスタントクラウドフロー」でフローを作成する

「一から開始」で作成できるクラウドワークフローには、表1-4のような種類があります。

表1-4 「一から開始」で作成できるクラウドフローの種類

クラウドフローの種類	説明
自動化したクラウドフロー	特定のイベントが発生したときに実行するフローを作成する際に使用 （例）新しいメールが届いたとき （例）ファイルが作成されたとき
インスタント クラウドフロー	好きなタイミングで手動実行するフローを作成する際に使用
スケジュール済み クラウドフロー	タイミングと頻度を指定して実行させるフローを作成する際に使用 （例）毎週水曜日の 13:00 に実行する
記述して作成する[8]	作成したいフローを文章で記述し、Microsoft Copilot でクラウドフローを自動生成する際に使用

ここでは「インスタントクラウドフロー」を利用してフローを作成します。「インスタントクラウドフロー」を使うと、フロー名やトリガーを選択し、**好きなタイミングに手動で実行できるフローを作成する**ことができます。

8 「記述して作成する」は、Microsoft Copilotが有効な場合のみ表示されます。Microsoft Copilotの有効化については、第7章（P.216参照）で紹介します。

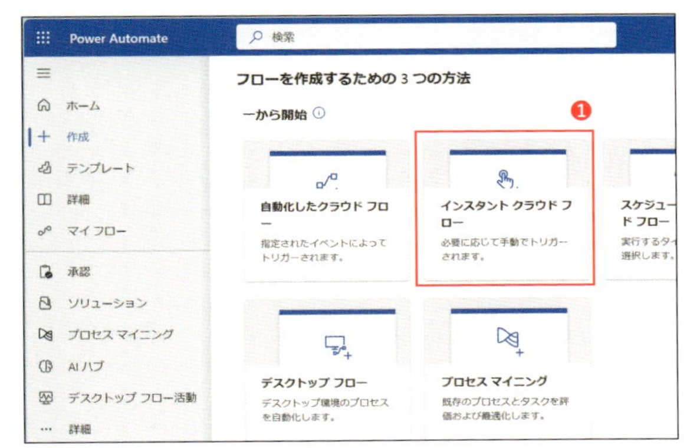

❶「一から開始」にある[インスタント クラウドフロー]を選択します。

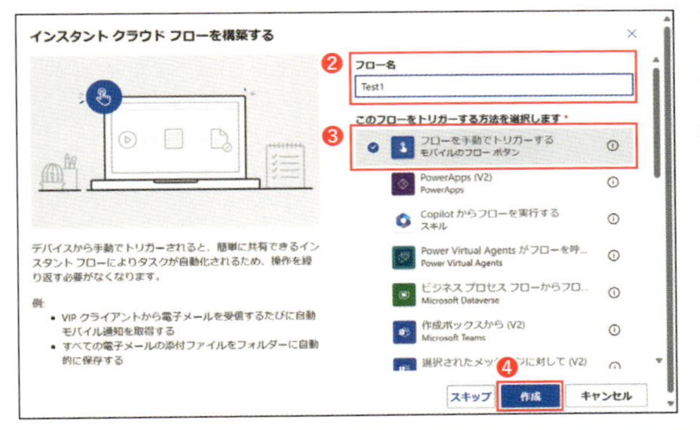

❷「フロー名」を入力します(例：Test1)。

❸[フローを手動でトリガーする]を選択します[9]。

❹[作成]をクリックします。

❺選択したトリガー(今回は「フローを手動でトリガーする」)が追加されます。トリガーの下にある[+]をクリックすると表示される[アクションの追加]をクリックします。

9 「トリガー」とは、フローが実行される「タイミング」「きっかけ」のことです（P.34参照）。

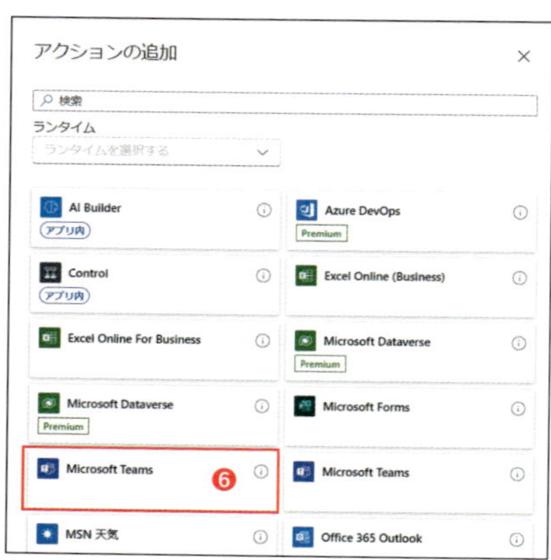

❻「アクションの追加」ダイアログが表示されるので、[Microsoft Teams]をクリックします。

❼表示された一覧から[チャットまたはチャネルでメッセージを投稿する]をクリックします。

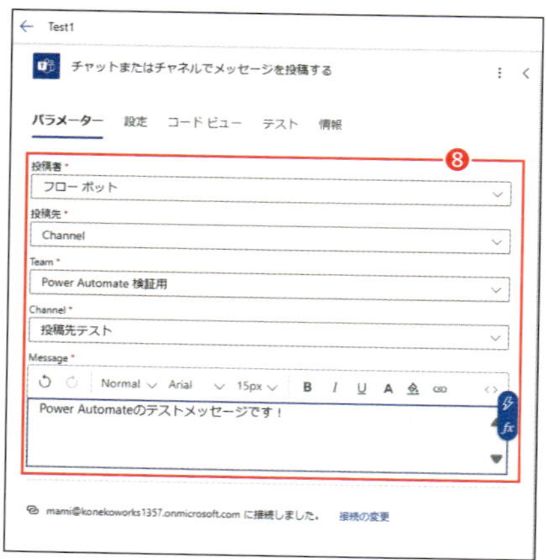

❽「パラメーター」の各パラメーターに、次ページの表1-5の値を設定します。

表1-5 「チャットまたはチャネルでメッセージを投稿する」アクションのパラメーター

パラメーター	値
投稿者	フローボット（既定値）
投稿先	Channel
Team	Teams で投稿可能なチーム（事前準備で作成したチーム）
Channel	Teams で投稿可能なチャネル（事前準備で作成したチャネル）
Message	Power Automate のテストメッセージです！

作成したクラウドフローを保存する

作成したクラウドフローは自動保存されないため、フローを作成・修正した際、内容を保存したいタイミングで、［保存］をクリックします。

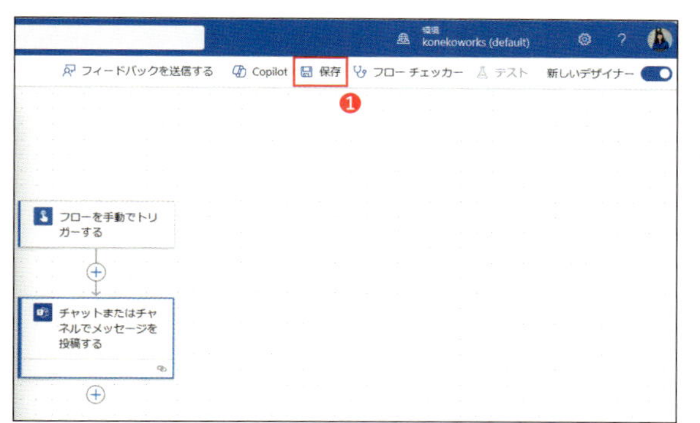

❶作成したフローを保存するため、画面上部の［保存］をクリックします。

メモ

クラウドフローの作成や編集後、［保存］をクリックせずに別画面に移動すると、作成したフローが保存されないので注意しましょう。

❷画面上部の緑色の帯部分に「フローを開始する準備ができました。テストすることをお勧めします。」と表示されます。

作成したクラウドフローをテストする

作成したクラウドフローが正常に実行されるかどうか、テストをしてみましょう。

❶作成したフローをテストするため、画面上部の[テスト]をクリックします。

❷画面右側に表示される「フローのテスト」で「手動」を選択し、[テスト]をクリックします。

❸「フローの実行」画面が表示されます。テスト実行時の初回のみ、クラウドサービスのサインインの確認画面が表示されるので、連携するクラウドサービスに緑色のチェックがついていることを確認し、[続行]をクリックします。

❹「フローの実行」画面で[フローの実行]をクリックします。

❺「フローの実行」画面で[完了]をクリックします。

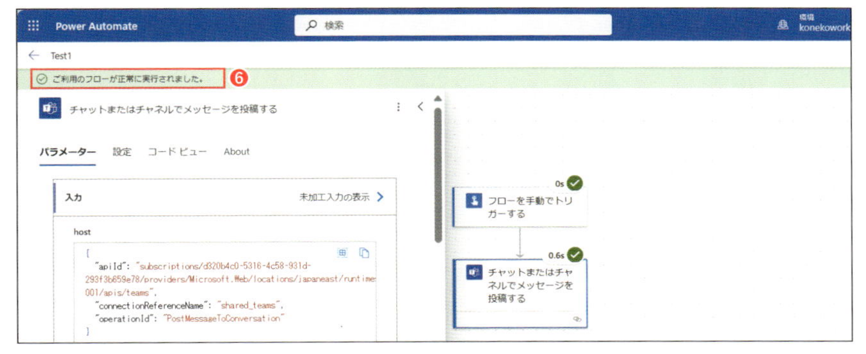

❻画面上部の緑色の帯部分に、「ご利用のフローが正常に実行されました。」と表示されます。エラーが発生した場合は、帯部分が赤色となり、「フロー実行に失敗しました。」と表示されます[10]。

❼Microsoft Teamsを起動し、指定したチャネルにメッセージが投稿されていることを確認します。

クラウドフローを編集する(1)

テスト実行の際にエラーになったフローを修正したり、作成済みフローを後から変更したりする場合、以下の方法でクラウドフローを再編集できます。

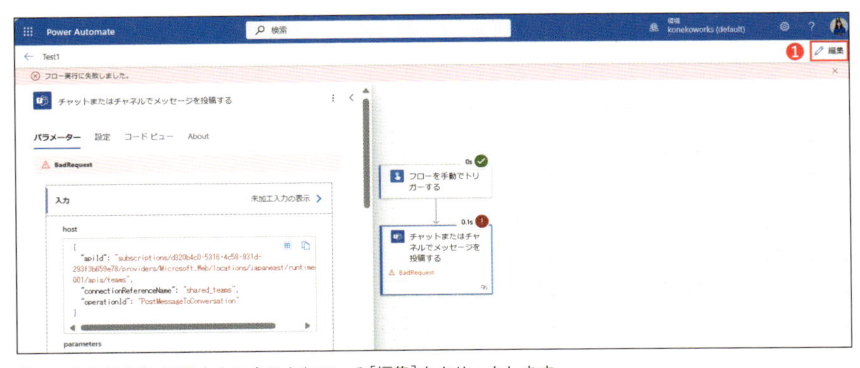

❶テスト実行直後、画面右上に表示されている[編集]をクリックします。

10 エラー発生時の対処については後述します（P.167参照）。

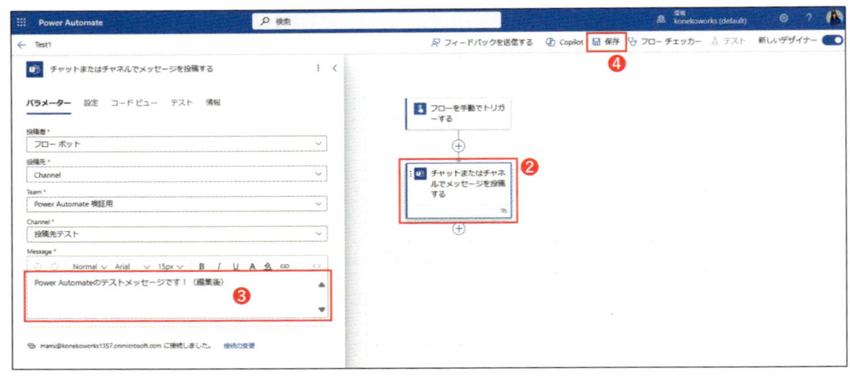

❷編集画面に切り替わります。編集したいブロックをクリックするとパラメーター設定画面が表示されることを確認します。
❸パラメーター（例：Messageの文章）を編集します。
❹変更したフローを保存するため、画面上部の［保存］をクリックします。

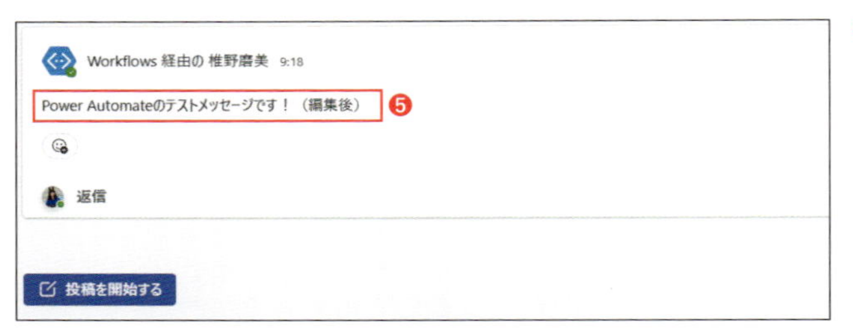

❺テストを実行し、変更したメッセージが投稿されることを確認します。

※「作成したクラウドフローをテストする」（P.25）参照

クラウドフローを編集する(2)

「フローを手動でトリガーする」トリガーは、入力を自由に追加できる特殊なトリガーです。このトリガーの入力・出力機能を利用して遅刻連絡のためのフローを作成します。

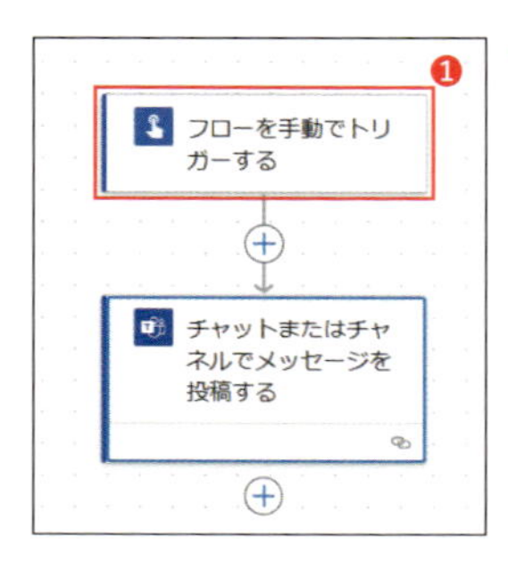

❶編集画面で、［フローを手動でトリガーする］をクリックします。

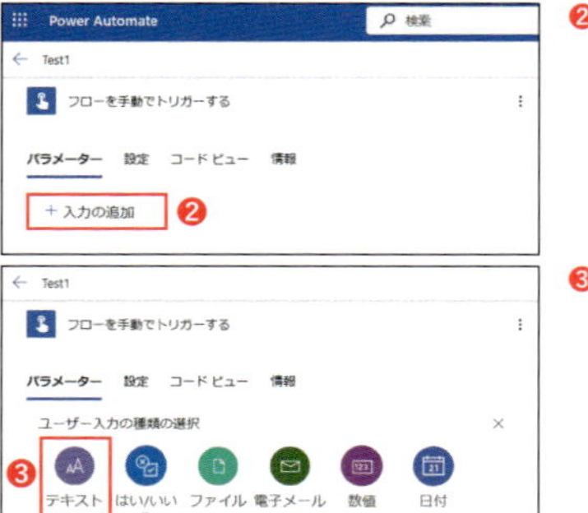

❷「フローを手動でトリガーする」トリガーの「パラメーター」で、［＋入力の追加］をクリックします。

❸「ユーザー入力の種類の選択」で、［テキスト］をクリックします。

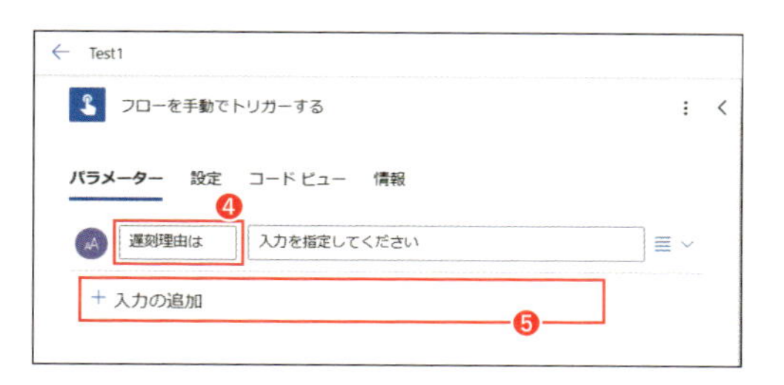

❹1つ目のボックスに「遅刻理由は」と入力します。
❺[＋入力の追加]をクリックし、「ユーザー入力の種類の選択」で[テキスト]をクリックし、パラメーターを追加します。

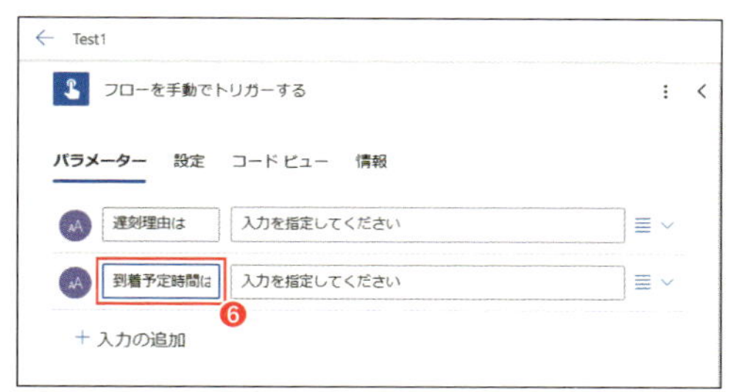

❻1つ目のボックスに「到着予定時間は」と入力します。

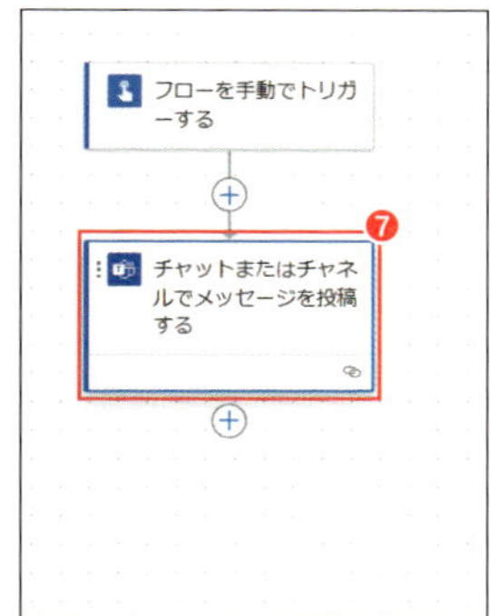

❼「チャットまたはチャネルでメッセージを投稿する」アクションをクリックします。
❽パラメーターのMessageに、このような文章を入力します。
❾1行目の最後にカーソルを位置づけ、表示された をクリックします。

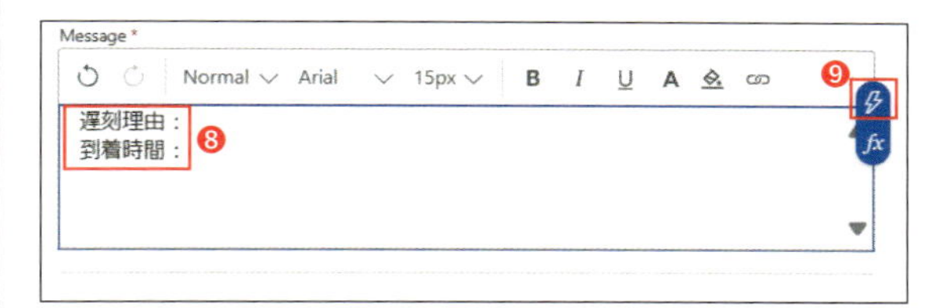

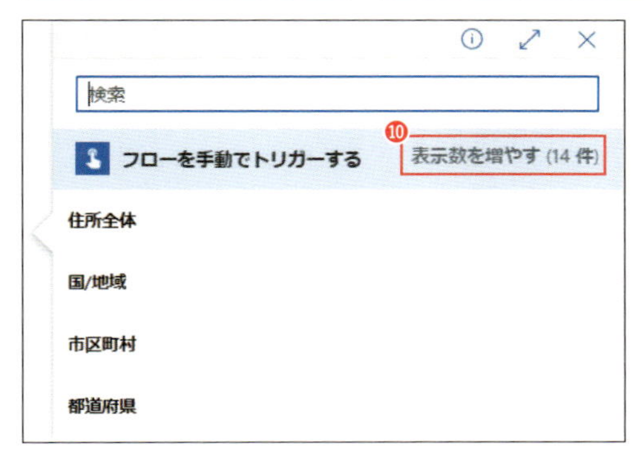

❿[表示を増やす][11]をクリックします。

11 [表示を増やす] は、[See more] などの表記になっていることもあります。

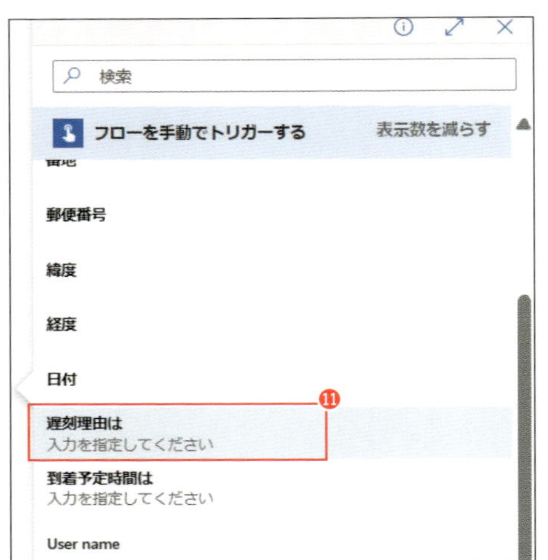

⑪リストに表示された[遅刻理由は]をクリックします。

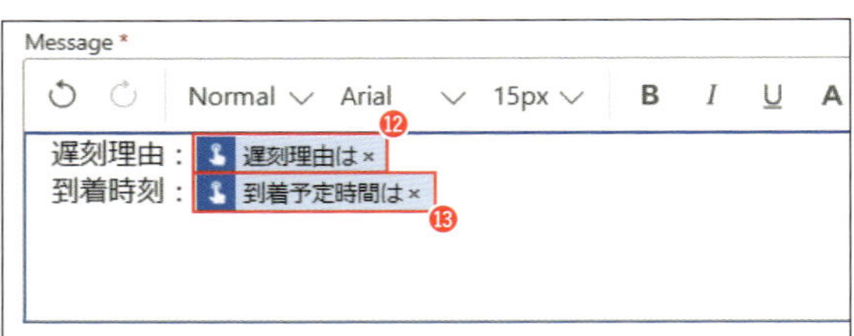

⑫Messageに動的コンテンツ[12]が追加されたことを確認します。

⑬❾〜⑫と同様の方法で、2行目の最後に「到着予定時間は」動的コンテンツを追加します。

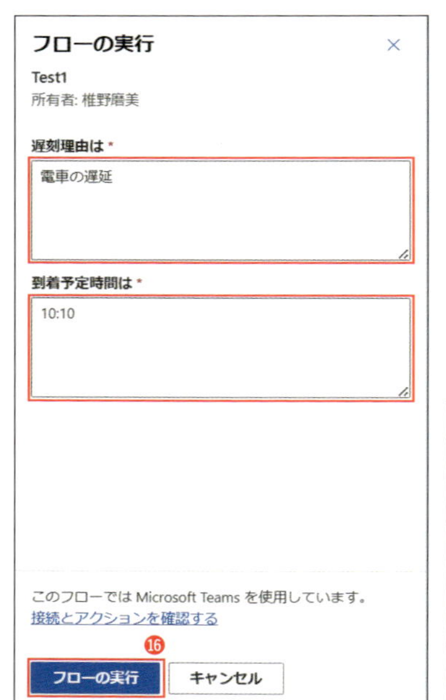

⑭P.25の「作成したクラウドフローを保存する」と同じように、[保存]をクリックしてフローを保存します(画像省略)。

⑮P.25の「作成したクラウドフローをテストする」と同じように、[テスト]をクリックして「手動」でテストを実行します(画像省略)。

⑯「遅刻理由」と「到着予定時間」を入力し、[フローの実行]をクリックします。

⑰投稿先のTeamsチャネルを確認します。⑯で入力した値が、投稿されていることを確認します。

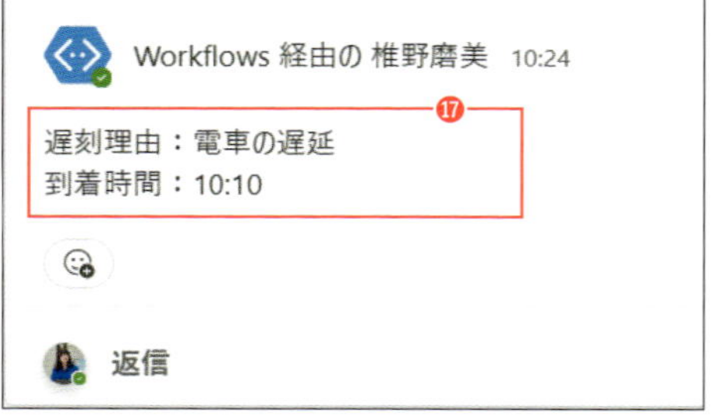

12「動的コンテンツ」とは、「トリガー」や「アクション」の出力データを、以降の処理の入力データとして利用する仕組みのことです(P.40参照)。

クラウドフローをスマートフォンから実行

スマートフォンにPower Automateアプリケーションをインストールしておくと、Power Automateのクラウドフローをスマートフォンから実行することができます。スマートフォンでクラウドフローを実行できるようにしておくと、移動中でPCを開くことができない状況でもフローを実行できるので便利です。

Power Automateアプリケーションをインストールする

スマートフォンからクラウドフローを実行できるようにするため、スマートフォンにPower Automateアプリケーションをインストールします。

● Power Automateアプリのダウンロードページ

- iPhone用アプリ

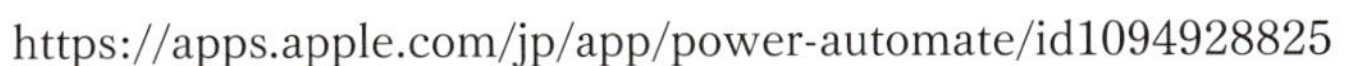

https://apps.apple.com/jp/app/power-automate/id1094928825

- Android用アプリのダウンロードページ

https://play.google.com/store/apps/details?id=com.microsoft.flow&hl=ja&gl=US&pli=1

スマートフォンでクラウドフローの実行をテストする

作成したクラウドフローがスマートフォンから実行できることを確認するため、スマートフォンのアプリケーションを起動し、実習1-1で作成したクラウドフロー（Test1）を実行します。

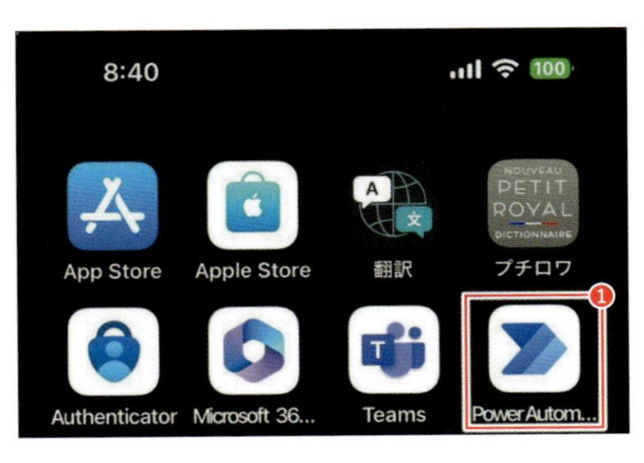

❶スマートフォンにインストールした、Power Automateアプリを起動します。

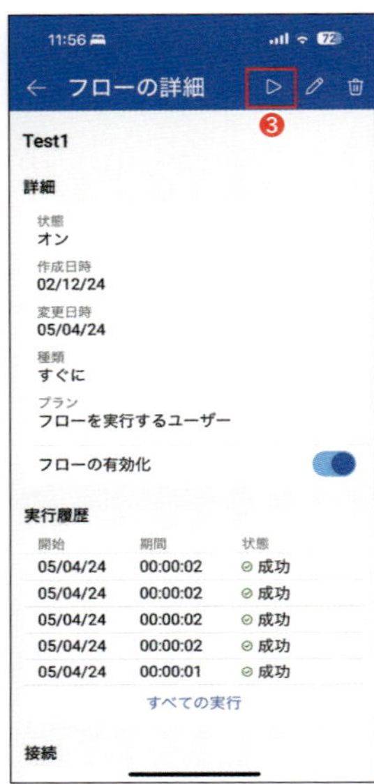

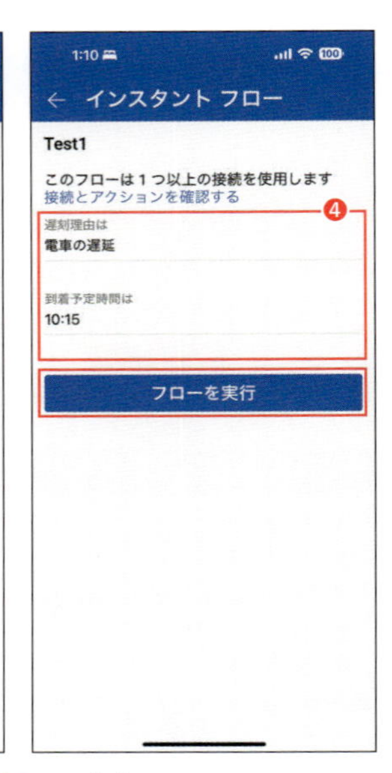

❷自分のクラウドフロー内にある、実行したいクラウドフロー（今回は実習1-1で作成した Test1）を選択します。
❸画面上部の再生（▷）をタップします。
❹フローが実行されたら、必要項目を入力し、［フローを実行］をタップします。

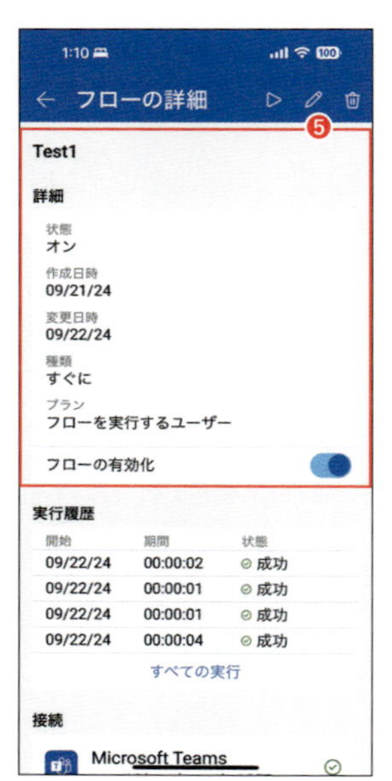

❺フローの一覧でフロー（Test1）をタップします。フローの詳細でフローが成功していること、Teams のチャネルに投稿が行われていることを確認します。

第2章

Power Automateと自動化のキホンを押さえる

第２章では、「Power Automateの概念」や「業務を自動化する際の手順」を確認しながら、Power Automateで業務を自動化する際のポイントを習得します。どのようなITツールにおいても、ツールの概念を理解していると、ツールを応用的に使うことや、機能の進化を予測することにつながります。

本章の目標

- クラウドフローの構成要素（コネクタ、トリガー、アクション）を理解する
- 「テンプレート」でクラウドフローを作成する際のポイントを理解する
- プログラミングにおける「データ」と「処理」の考え方を理解する

このまま順番に読むことをオススメしますが、Power Automateの具体的なフロー作成例を先に知りたい方は、第３章以降から進めていただく形でも問題ありません。わからない用語や考え方が出てきたときに、この章に戻って確認するといった使い方も可能です。

クラウドフローの「仕組み」を理解する

実習1-1で体験していただいたように、Power Automateでクラウドフローを作成する際、プログラミングの知識は基本的に必要ありません。しかし、**より複雑な自動化を行う上では、プログラミングの「考え方」を知っておくことは重要**です。

ここでは、Power Automateの重要用語を確認しながら、対応するプログラミング的思考についても解説していきます。

表2-1 本章で解説するPower Automateの重要用語

用語	説明
アクション	フローで利用できる、各クラウドサービスが提供する処理
トリガー	フローが実行されるタイミング、きっかけ
データソース	データを提供するクラウドサービスやデータベース（データの保管場所）
コネクタ	データソースに接続し、データの入出力を実現するための部品
パラメーター	トリガーやアクションの実行に必要なデータ
動的コンテンツ	トリガーやアクションで処理した出力データを、以降の異なる処理の入力データとして引き渡すための仕組み
変数	フローで利用するデータを保持するための仕組み
関数	フローで利用できる、あらかじめ定義された処理
4種類の制御構造	処理の流れを変えたり、処理を繰り返したりするための仕組み

「アクション」と「トリガー」

実習1-1で確認したとおり、Power Automateのクラウドフローで**「アクション」**を追加すると、クラウドフローにブロックが追加されます。また、「アクション」を実行するきっかけになる**「トリガー」**や、処理の流れを制御するための**「制御構造」**（後述）もブロックで表現されます。

図2-1 クラウドフローのブロック(実習1-1参照)

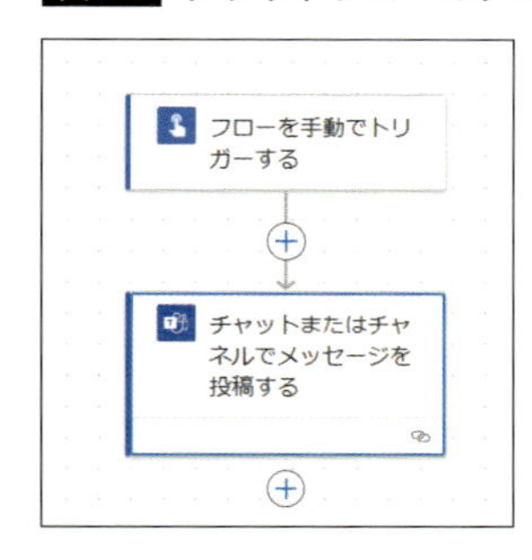

Power Automateで作成するフローは、すべて「トリガー」と「アクション」の組み合わせです。フローを作成する際、「○○が起きたら(条件)、●●する(処理)」というように、処理が実行される際の「きっかけ(条件)」である「トリガー」と、「実行される処理」である「アクション」を組み合わせてフローを作成していきます。

トリガーの種類

「トリガー」には、「イベントトリガー」「スケジュールトリガー」「手動トリガー」の3種類があります。

表2-2 3種類のトリガー

種類	説明	トリガーの具体例
イベントトリガー	イベントの発生がきっかけとなってフローが実行される	・Outlookに新しいメールが届いたとき ・Teamsのチャネルにメッセージが投稿されたとき
スケジュールトリガー	指定した日時・間隔でフローが実行される	・何日の何時から実行 ・何分おき、何日おきに実行
手動トリガー	ユーザーの手動操作でフローが実行される	・ファイルを選択したとき ・ボタンを押したとき

アクションの例

「アクション」は、クラウドサービスが提供する処理なので、各クラウドサービスによって提供されているものが異なります。

表2-3 アクションの例

クラウドサービスの種類	サービスが提供するアクションの具体例
Teams	チャットまたはチャネルでメッセージを投稿する
	Teams会議の作成
Outlook	メールの送信(V2)
SharePoint	ファイルのコピー

「データソース」と「コネクタ」

PCを使う業務には必ずデータが存在します。例えば、メールやチャットで業務連絡をする際、文章やメッセージ（テキストデータ）を使ってやり取りをしています。

Power Platformの世界では、データを提供するサービスやデータが保存されているデータベースのことを**「データソース」**と呼びます。例えば、OutlookやGmailは「メール」データを提供する「データソース」であり、YouTubeは「動画」データを提供する「データソース」です。

Power Automateの自動処理やPower BIのデータ分析では、「データソース」である各クラウドサービスにアクセスする際、**「コネクタ」**と呼ばれるプログラム部品を使用します。OutlookにはOutlook用の「コネクタ」を利用し、GmailにはGmail用の「コネクタ」を利用してデータソースにアクセスします。つまり、**「データソース」となる各クラウドサービス用の「コネクタ」が提供されていれば、簡単にデータにアクセスすることができる**のです[1]。

Power Automateで利用できるコネクタの数は、1000種類を超えています[2]（2024年9月1日時点）。

図2-2 「データソース」と「コネクタ」の概念図

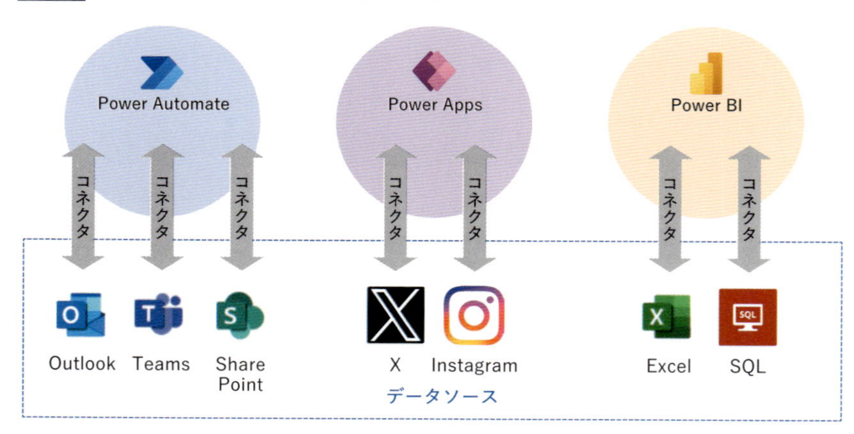

1 データソース用のコネクタが提供されていない場合、カスタムコネクタを開発することもできますが、本書ではカスタムコネクタについては取り扱いません。
2 コネクタの検索サイト https://learn.microsoft.com/ja-jp/connectors/connector-reference/

図2-3 Power Automateで利用可能なコネクタ

各クラウドサービス用に提供されている「コネクタ」には、トリガーやアクションが含まれています。例えば、実習6-1で作成するクラウドフローは、「Gmail」コネクタや「Office 365 Outlook」コネクタの「新しいメールが届いたとき」トリガーによってフローが開始されます。受信メールにファイルが添付されていると、「Google Drive」コネクタや「OneDrive」コネクタの「ファイルの作成」アクションが実行され、クラウドストレージに保存されます。

つまり、**Power Automateの自動処理は、各クラウドサービスが提供する「コネクタ」を使ってクラウドサービスに接続し、各コネクタが提供する「トリガー」や「アクション」を使って「○○が起きたら、●●する」を指定する**ことで作成できるということです。

図2-4 Gmail & Google Driveの場合（左）とOutlook & OneDriveの場合（右）のトリガーとアクション

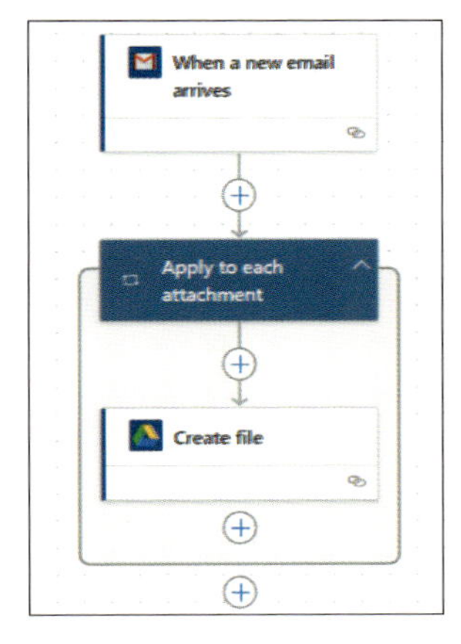

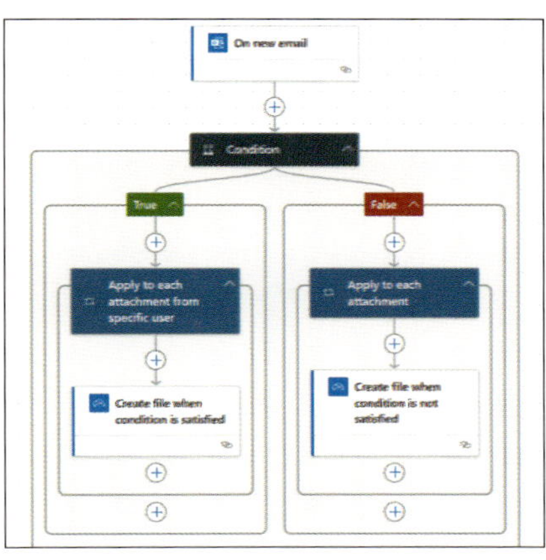

コネクタの認証

Power Automateでは、「アクション」を使ってクラウドサービスの各処理を実行しますが、行える処理は、クラウドサービス接続時に認証されたアカウントの権限範囲で実行できる処理のみになります。そのため、Power Automateで利用するクラウドサービスには、IDやパスワードを使ってサインインしておく必要があります。利用するクラウドサービスにサインインできている場合は、サインイン画面で緑色のチェックが入っています（実習1-1のP.26の手順❸参照）。

「コネクタ」を初めて利用する際、認証情報が自動生成され、各クラウドサービスの認証情報は保持・管理されています。Power Automateで管理している認証情報の確認は、以下のように行います。

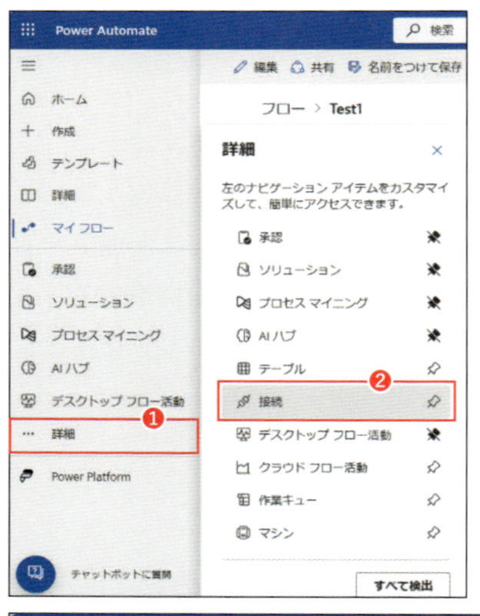

❶[…詳細]の方の[詳細]をクリックします。
❷[接続]メニューを選択します。
❸「接続」の一覧画面から、[＋新しい接続]や[再接続]などをクリックすると、接続を追加することができます。

「パラメーター」と「動的コンテンツ」

実習1-1で使った「チャットまたはチャネルでメッセージを投稿する」アクションには、必要なデータとして「投稿者」「投稿先」「Message」などがありました。このように「アクション」が実行される際に必要なデータで、処理に応じて動的に変えることができる値を**「パラメーター」**[3]と呼びます。

図2-5 パラメーター(実習1-1参照)

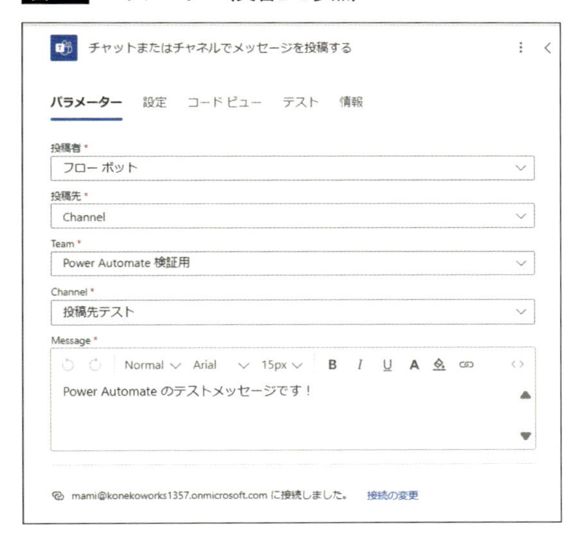

クラウドフローに追加された「トリガー」や「アクション」は、**処理に必要なデータを「パラメーター」として受け取り、何かしらの処理を実行し、その結果をデータとして出力**します。

図2-6 処理とデータ

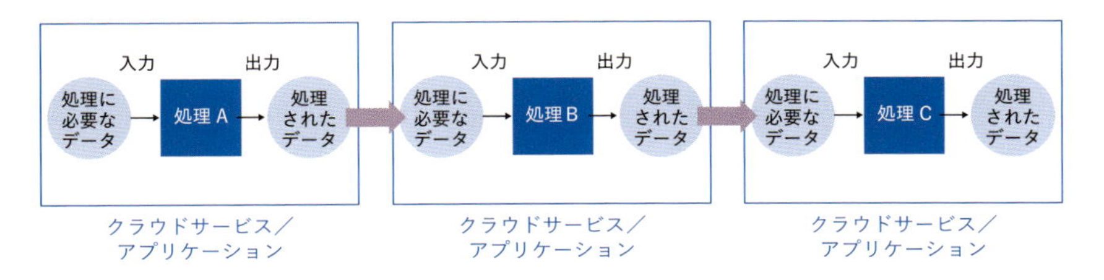

3 パラメーター（Parameter）は「コンピュータープログラムに対して、処理の内容を動的に決める目的で与えられる値」のことで、日本語では「引数（ひきすう）」と呼ばれる場合もあります。

複数の処理を組み合わせて一連の作業を自動化する場合、先に実行された処理の出力データを、次の処理の入力データとして利用したいことがあります。このような場合、データを簡単に引き渡す仕組みがあると便利です。Power Automateでは、「トリガー」や「アクション」の出力データを、以降の処理の入力データとして利用できる仕組みが提供されており、この仕組みによって引き渡されるデータのことを**「動的コンテンツ」**と呼びます。

例えば、実習3-2で作成するフローで解説すると、以下のようになります。

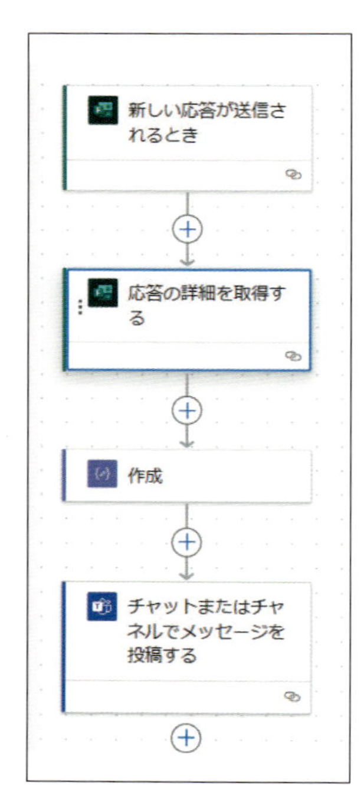

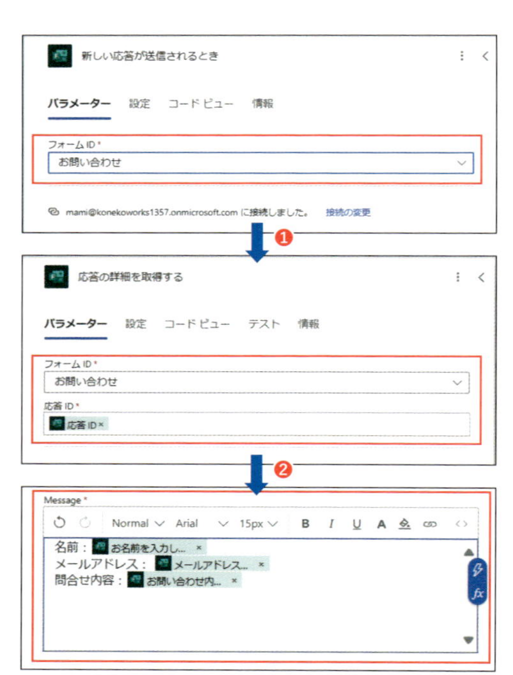

❶ Formsの「新しい応答が送信されるとき」トリガーの入力パラメーター「フォームID」が処理された結果、次の「応答の詳細を取得する」アクションの入力パラメーターで「フォームID」と「応答ID」を受け取ることができます。「応答ID」で動的コンテンツの応答IDを受け取ることで、フォームに入力した各項目を参照できるようになります。

❷ Formsの「応答の詳細を取得する」アクションが処理された結果、Teamsの「チャットまたはチャネルでメッセージを投稿する」アクションのMessageパラメーターで、フォームで入力した各項目を、動的コンテンツで参照し、チャットまたはチャネルのメッセージとして投稿することができます。

「変数」とは

Power Automateでフローを作成する際、「トリガー」や「アクション」に必要なデータは、「パラメーター」や「動的コンテンツ」を利用して指定することができます。

プログラミングコードを直接記述する、しないに関わらず、プログラミングの世界では、「入力データ」→「処理」→「出力データ」を組み合わせ、実現したい処理を形にしていきます。このとき、「処理」に必要なデータは、何らかの形で「保持」しておく必要があります。

プログラミングの世界では、このデータを保持するための概念を**「変数」**と呼び、**「データを入れておくための箱（入れ物）」と表現されます。**

図2-7 変数のイメージ

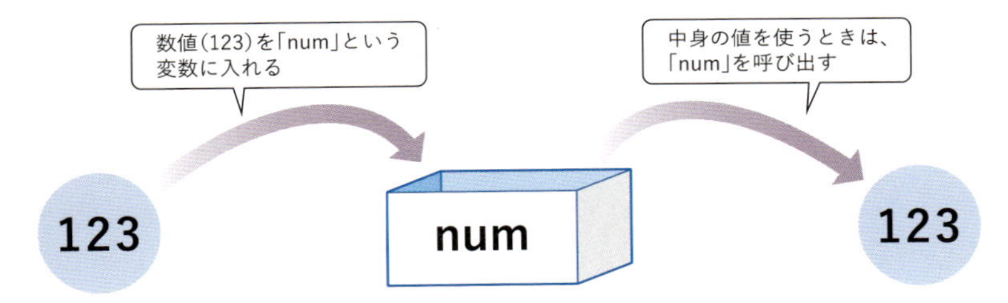

Power Automateのようなノーコード・ローコード開発プラットフォームを利用すると、ヒトがプログラムコードを書かなくても「入力データ」→「処理」→「出力データ」を組み合わせることができます。これは、プログラムコードが自動的に生成され、必要なデータを保持できるようになっているからです（図2-8参照）。

図2-8 「応答詳細を取得する」アクションのコードビュー

つまり、Power Automateの「トリガー」や「アクション」で指定する「パラメーター」や「動的コンテンツ」は、必要なデータを保持するために、Power Automateが既定の名前で用意した「変数」と言い換えることができます。

Power Automateでフローを作成する場合、基本的には「パラメーター」や「動的コンテンツ」を利用すればよいのですが、「変数」として定義した方がデータの意味がわかりやすくなったり、値の変更がしやすくなったりする場合は、「変数」を使うことをオススメします。

例えば、タスクの締め切り日付（例：2024/7/7）をフロー内で何度も使用する場合、直接日付を記述するより、変数Expired_Dateを用意して2024/7/7を格納し、この変数を利用する方が日付の意味がわかりやすくなります。また、締め切り日付を変更する場合も、直接記述している場合は複数箇所の変更が必要になりますが、「変数」を利用していれば格納されている値の変更だけで済むといった具合です。

図2-9 変数によるコード可読性と修正のしやすさの向上

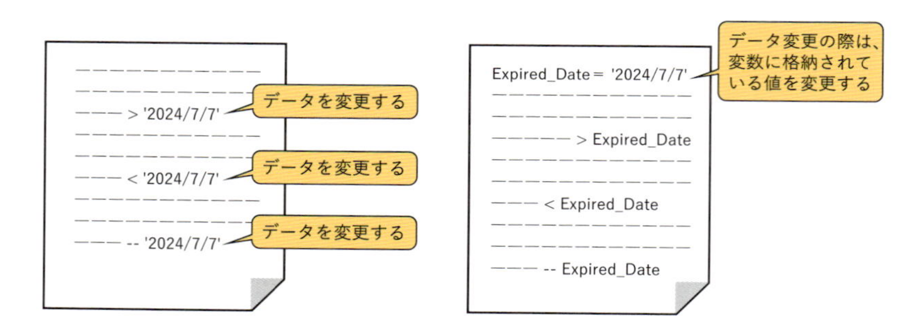

変数の初期化

変数を利用する場合、変数の「初期化」を行う必要があります。変数の「初期化」は、データを入れるための箱を用意し、その箱を区別するために名前をつける作業です。

Power Automateで変数を利用するには、「Variable」コネクタの「変数を初期化する」アクションを実行します。このアクションでは、変数の「名前(Name)」、変数に入れるデータの「種類(Type)」、初期値となる「値(Value)」の3つを指定します。

図2-10 変数を初期化する

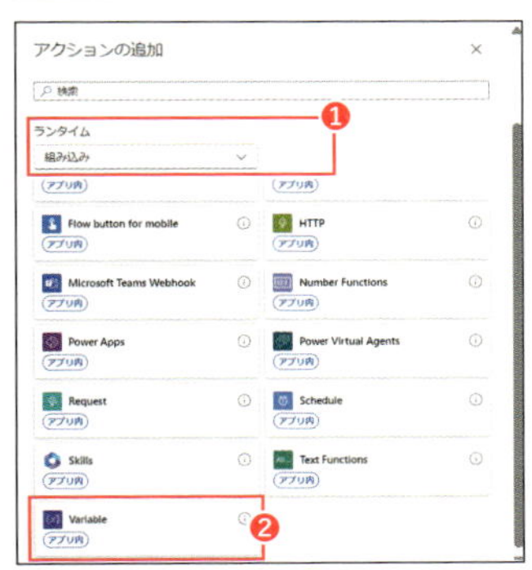

❶「アクションの追加」画面のラインタイムで「組み込み」を選択します。
❷[Variable]をクリックします。
❸[変数を初期化する]をクリックします。

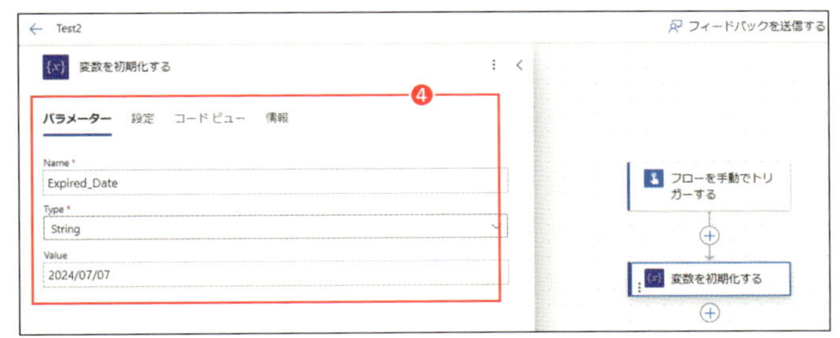

❹「Name」「Type」「Value」を設定します。

データの種類

変数は、格納するデータの種類に合わせて用意する必要があります。データの種類には、以下のような種類があります。

表2-4 変数に格納するデータの種類

種類(Type)	説明
文字列(String)	「こんにちは」「Hello」といった文字データを入れる際に使用
整数(Integer)	「50」「100」といった整数データを入れる際に使用
小数(Float)	「35.0」「37.5」といった小数点を含むデータを入れる際に使用。整数を入れることも可能
ブール値(Boolean)	条件判定が必要なフローで、「true」または「false」のどちらかを格納する際に使用。例えば、タスクの期日を判定してリマインドする処理の場合、タスクの期日が過去であれば「true」、未来であれば「false」を格納するといった具合
オブジェクト(Object)	JSON 形式[4] で記述される値
アレイ(Array)[5]	[1,2,3,4,5]["A","O","B","AB"]といった複数の同じ種類の値をまとめて扱う際に利用。Power Automate では、カンマ区切りの複数の値を角括弧で囲む書式で指定する

4 JSON形式とは、データを保存または転送するための軽量なデータ交換フォーマットです。人間にも機械にも読みやすいテキスト形式で、属性-値のペアや配列データ型を使用します。
5 値をまとめて扱うアレイは、日本語では「配列」と呼ばれます。

「関数」とは

「関数」も変数と同じく、プログラミングの世界で用いられる概念です。関数は、**「何らかの決められた処理を実行し、結果を返す」命令**[6]のことです。

図2-11 関数のイメージ

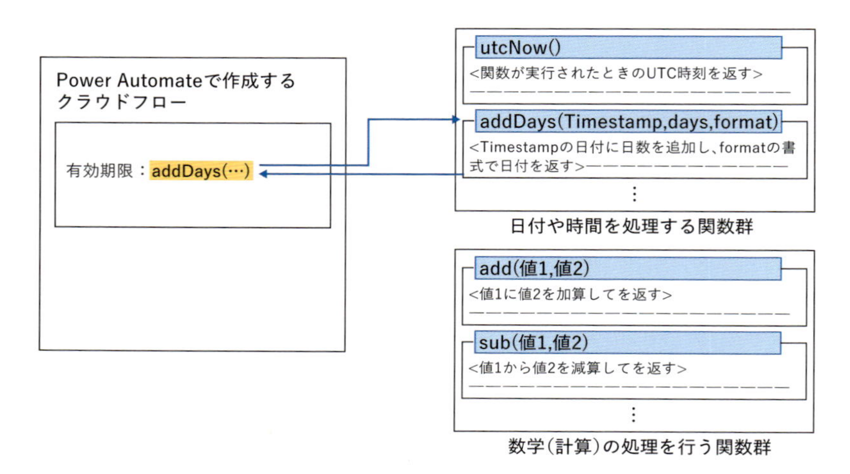

例えば、「addDays関数」は、Timestamp（日時情報）、日数、日付の書式を受け取ると、Timestampに日数を加算し、指定された書式で日付を返します。

図2-12 addDays関数を利用して日付を出力する

6 「関数」は、オブジェクト指向言語に分類されるプログラミング言語（例：C#・Java言語・Pythonなど）では「メソッド」と呼ばれます。

「関数」は、以下のようなつくりになっています。

```
関数名(第1引数,第2引数,第3引数…)
```

関数名の後の()内に、関数の処理に必要なデータを「,」(カンマ)で区切って指定します。関数の処理に必要なデータのことを**「引数」**と呼び、各関数によって必要な引数の数やデータの種類(データ型)が異なります。

```
addDays(Timestamp,加算する数値,日時の書式指定文字列)
例:addDays('2024/7/7 0:00:00',6,'yyyy年M月d日')
```

addDays関数の場合、3つの引数が必要であり、第1引数のTimestampは文字列型、第2引数は整数型、第3引数の書式指定は文字列型で指定します。引数のデータが文字列型の場合、データを「'」(シングルクォーテーション)で囲む必要があります。

Power Automateのフローで利用する「アクション」は、別の言い方をするならば、コネクタが提供するメソッド(関数)[7] です。いくつかの関数と同等の処理を行う「アクション」もあり、その場合は「アクション」と「関数」のどちらを用いることもできます。一方、関数でしか提供されていない処理は、関数を使わないと実現することができません。

つまり、**Power Automateでフローを作成する際、「アクション」で実現可能なことは「アクション」を利用し、「アクション」で実現できない場合は「関数」を利用する**と考えるとよいでしょう。

表2-5 アクションと関数の例

実現したいこと	アクションを利用する場合	関数を利用する場合
文字列に文字列を追加したい	文字列変数に追加	concat(テキスト1,テキスト2)
変数に格納されている値を減らしたい	変数の値を減らす	sub(引かれる数,引く数)
変数に格納されている値を増やしたい	変数の値を増やす	add(足される数,足す数)

7 「関数」「アクション」「メソッド」は、いずれも「何らかの特定の処理」を実現するための仕組みであり、呼び名です。

「式」の挿入

Power Automateで「関数」を利用する場合、「式」を作成します。「式」は、1つ以上の関数を組み合わせて作成します。

式を作成するには、式の処理結果を利用したい「アクション」のパラメーターで、[式の挿入] をクリックします。[式の挿入] をクリックすると、関数の一覧が表示されます。

図2-13 式の挿入

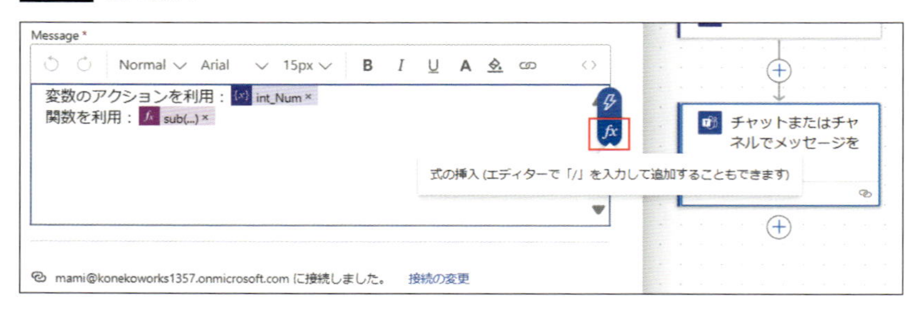

図2-14 関数の一覧

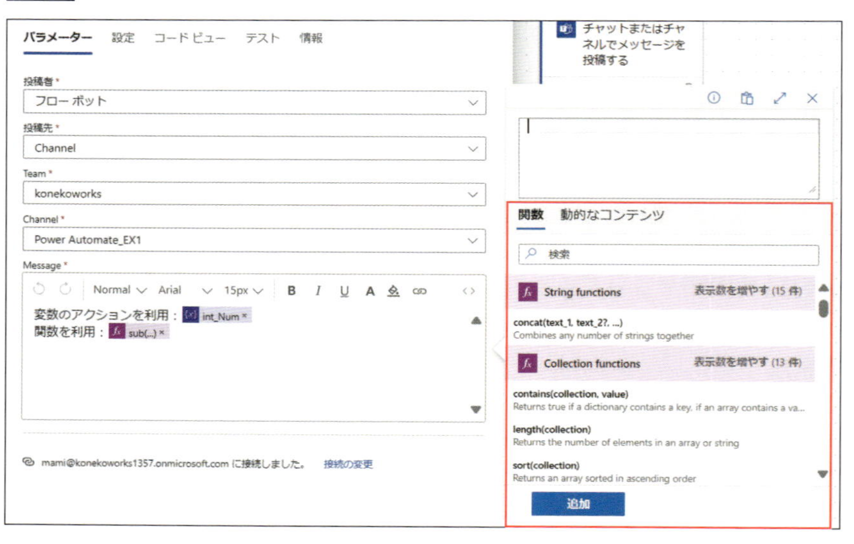

複数の関数の組み合わせ

「式」を作成する際、複数の関数を組み合わせることで、より応用的な処理を実現できます。例えば、フローが実行された日を基準に有効期限を算出したい場合、addDays関数とutcNow関数を組み合わせることで実現できます。

```
例1：addDays('2024/7/7 0:00:00',6,'yyyy年M月d日')
例2：addDays(utcNow(),6,'u')
```

図2-15 関数による結果の違い

例1は、2024年7月7日に6日を追加した日付を表示するので、フロー実行時、毎回、2024年7月13日が表示されます。一方、例2は、utcNow関数を利用し、フロー実行時の日付（図2-15は2024年7月13日に実行）に6日を追加した日付が表示されます。

Power Automateで利用できる関数は無数にあります。関数の使い方や代表的な関数については、ダウンロード特典（P.239参照）で紹介します。

流れを制御する「4種類の処理」

クラウドフローを作成する際、条件によって処理を分岐したい場合や、条件を満たしている間（もしくは満たすまでの間）処理を繰り返したい場合があります。例えば、未完了タスクの担当者にリマインドする場合、各タスクの期日が過ぎているかどうかを判定する必要があります。また、フォルダ内のファイルをPDFに変換する場合、フォルダ内に対象ファイルが存在する間、繰り返し変換処理を実行する必要があります。

Power Automateでは、**「順次処理」「並列処理」「条件分岐処理」「反復処理」**の4種類の処理を利用し、アルゴリズム[8]を完成させることができます。

具体的な使い方は、各章で紹介しますので、本章では概要を理解しておきましょう。

8 アルゴリズムとは、「問題を解決する方法」や「目標を完了するための方法」が書かれた一連の「手順」であり、プログラムを作成する際の基本になります。

順次処理

Power Automateで作成するフローの基本は、「順次処理」になります。指示された順番通りに実行するのが「順次処理」です。トリガーやアクションは、画面に並べられたとおり、上から下に向かって順番に実行されます。

図2-16 順次処理のイメージと例

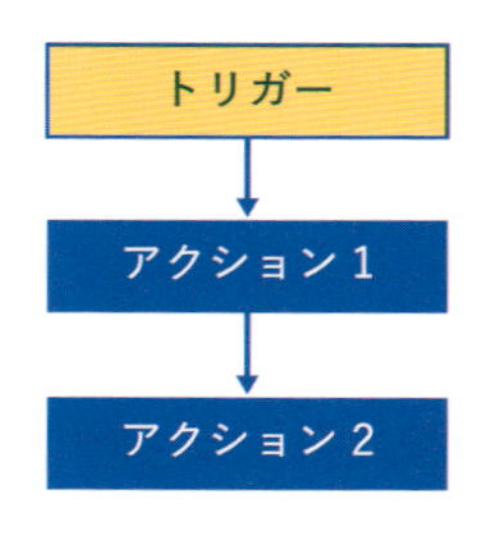

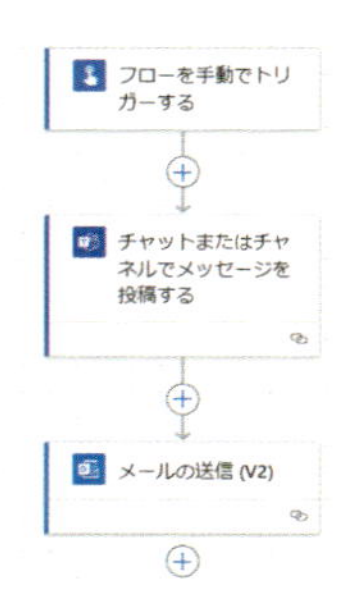

並列処理

異なる複数の作業を同時に実行したい場合、「並列処理」を利用します。Power Automateでは、2列に分岐して「並列処理」を実行できます。

図2-17 並列処理のイメージと例

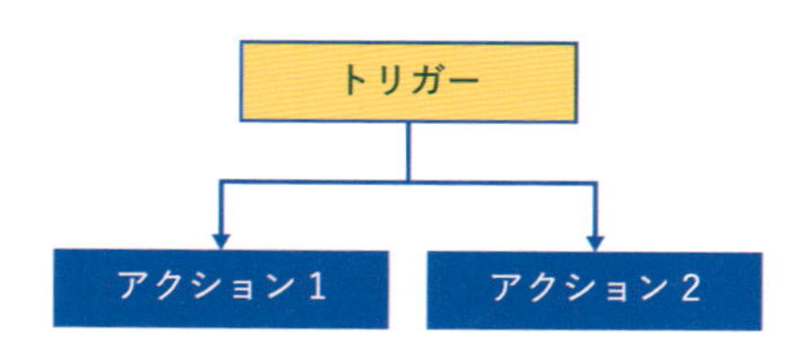

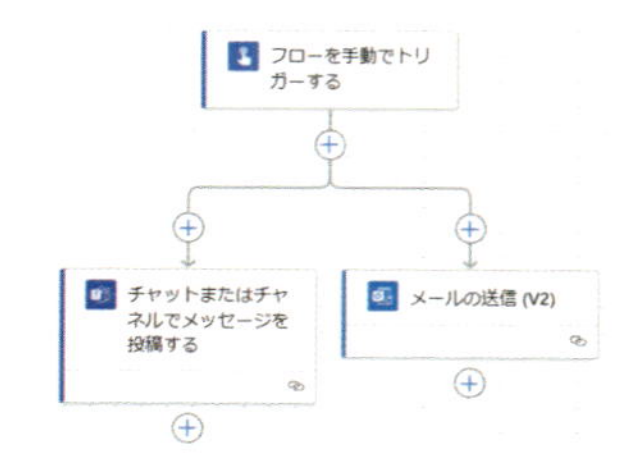

分岐処理

処理を分岐したい場合は、分岐の条件を定義し、条件を満たすときに実行する「アクション」や、条件を満たしていないときに実行する「アクション」を追加することができます。

分岐処理には、「条件に一致するか？」の「はい／いいえ」で分岐して処理を変える**「条件分岐」**のほかに、値に応じて処理を変える**「スイッチ分岐」**

があります。

図2-18 条件分岐のイメージと例

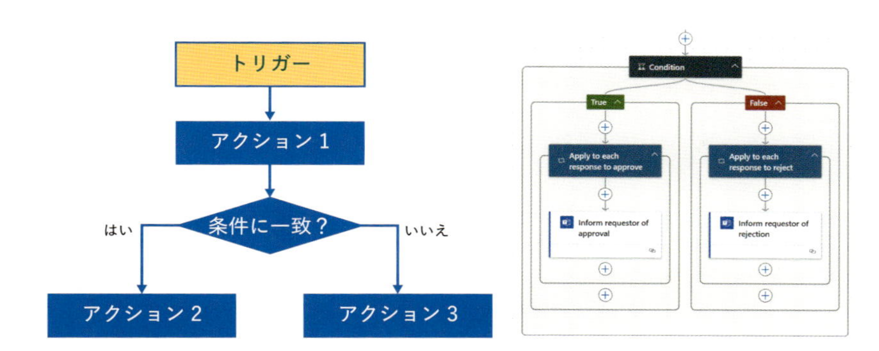

図2-19 スイッチ分岐のイメージと例

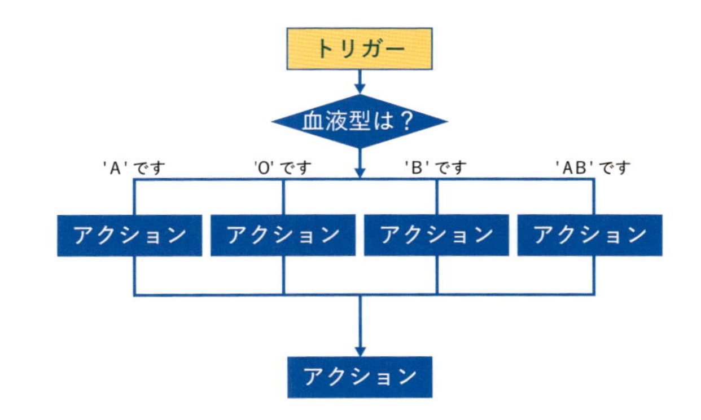

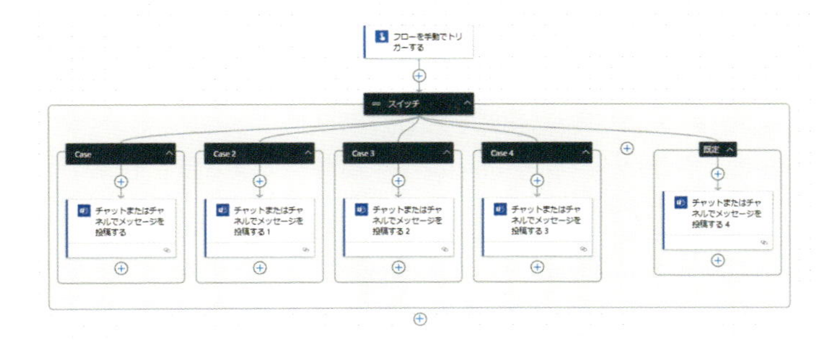

反復処理

条件が変化するまで繰り返し処理を実行したい場合も、反復処理の条件と「アクション」を追加することで、「アクション」を繰り返し実行させることができます。

Power Automateで利用できる反復処理には、動的コンテンツで受け渡されたデータが存在する間繰り返す「Apply to each」(For each) と、指定した条件を満たすまで繰り返す「Do Until」があります。

図2-20 反復処理のイメージと例

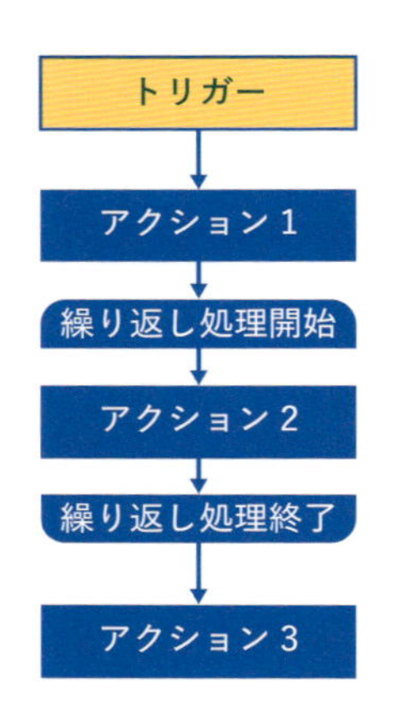

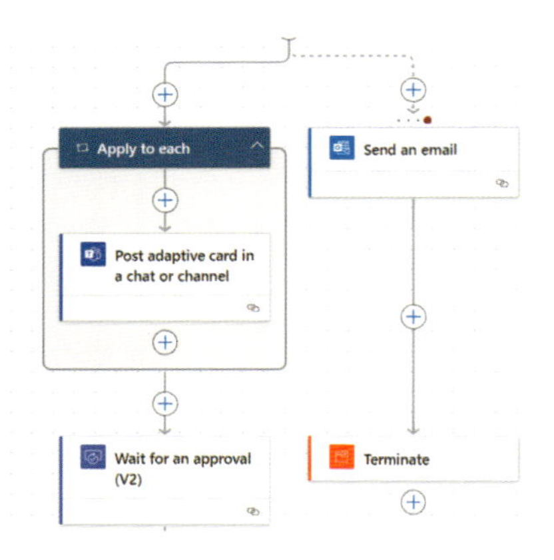

> **コラム**
>
> ### Power Automateを使いこなすために必要なコンセプチャルスキル
>
> サービスの「概念 (コンセプト)」を理解できていると、サービスの基本的な使い方だけではなく、別の使い方を発想したり、応用的な使い方ができたりします。
>
> 例えば、Microsoft 365が提供するサービスのひとつにFormsがあります。Formsはアンケートの作成・収集・集計ができるサービスですが、Formsをアンケート専用サービスと捉えるのではなく、「入力用フォームの作成・情報収集ができる」サービスと捉えることができれば、アンケート以外の用途に利用することができます (例:実習3-2のように、顧客からの問い合わせフォームとして利用する)。

つまり、「アンケート」や「問い合わせ」といった具体的な事象の抽象度を上げ、「情報収集」という共通点を捉えることができれば、サービスの利用範囲を広げることができるのです。

このように、目に見える一つひとつの事象である「具体」から、共通概念である「抽象」を見出すスキルを、**「コンセプチャルスキル（概念化能力）」**と言います[9]。**ビジネスパーソンにとっては、課題解決、リスク回避、イノベーションなどを行う上で重要な能力のひとつ**です。

Power Platformが提供する他のサービス（P.13参照）の知識を習得する場合も、「データソース」「コネクタ」「トリガー」「アクション」といった「概念」が共通していることを理解していれば、Power Automateで培ったノーコード・ローコード開発スキルを、Power AppsやPower BIで応用することができるのです。

Power Automateは、クラウドサービスを組み合わせて定型業務の自動化を実現するためのサービスですが、**単に既存の定型業務を自動化するだけの観点ではなく、ビジネスプロセスの最適化を支援するサービスと捉えることができれば、これまでの定型業務のプロセスを大きく変更したり、形骸化している定型業務を発見したり、ムダな業務をなくすきっかけになる**かもしれません。

図2-21 コンセプチャルスキル・ヒューマンスキル・テクニカルスキル

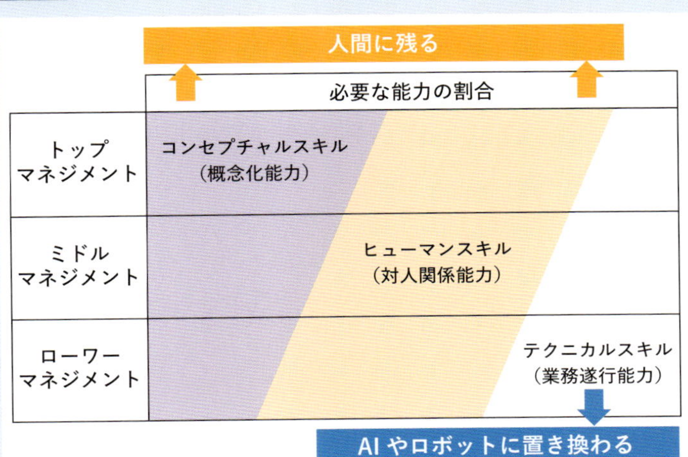

9 より厳密には、「物事の本質を的確に把握し、可能性を最大限に高める知識や組織内外の情報を体系的に把握し、複雑な物事を概念化・抽象化できる技能」のことです。

業務自動化の「流れ」を理解する

実習1-1では、自動化のイメージをつかんでいただくため、試しにTeamsを使ったワークフローを作成してみました。しかし、あなたの業務を自動化するには、**まず、「①その業務を自動化できるのかどうか」、次に、「②自動化するためには、どのサービスを選択し、どのように組み合わせることが最適か」を、自分で考える必要があります。**定型業務を自動化する場合、さまざまなサービスの組み合わせが考えられるため、自動化したい業務を整理した上で、最適なサービスを選ぶことが重要なのです。

Power AutomateはRPAツールに分類されますが、RPAツールを導入してもうまくいかない主な原因は、以下の3つに分類できます。

①業務整理（BPM）[10]ができていない
②組織全体でRPAの目的が共有できていない
③導入範囲が狭く、導入効果が得られない

このうち、①は特に重要です。業務プロセスを整理せず、無計画にフローを作成すると、すでに組織内で作成されているにもかかわらず重複して同じフローを作成してしまうなど、結果的に組織全体の効率化につながらないこともあります。

また、そもそも業務プロセスを整理せず、作業工程に不明点がある状況でフローを作成しようとしても、どのような「アクション」や「パラメーター」を実装すればよいかわからないので、自動化の実現は難しいでしょう。

そのため本書では、**フローの「作成」に入る前の「計画」と「設計」が特に重要**と考えます。流れとしては、「計画」「設計」「作成」「テスト」「展開と改良」の5つのステップで、自動化を実現することを推奨しています。

10 BPM（Business Process Management：ビジネスプロセスマネジメント）とは、企業戦略と業務プロセスと整合を取りながら、業務プロセスを分析、最適化し、継続的な改善サイクルを実現するための手法です。

図2-22 クラウドフロー作成の5つのステップ

1	計画	対象業務の見える化 （対象となる人・目的・時期・理由）
2	設計	新しい自動化プロセスを「紙の上で」設計し、さまざまな自動化方法を検討
3	作成	Power Automate フローの作成
4	テスト	作成したフローの試用
5	展開と改良	運用環境でのフローの試用開始 改良できるプロセスの特定・変更・追加

本節では、フローの作成に入る前の「計画」と「設計」ステップで考えるべきことについて、それぞれ解説します。「作成」「テスト」「展開と改良」については、次章以降の「実習」でその方法を詳しく見ていきます。

「計画」で対象業務を「見える化」する

「計画」は、自動化において最も重要かつ最初に行うべきステップです。業務の整理をしないで、いきなりクラウドフローを作成すると、問題や課題の解決ではなく「Power Automateで自動化すること」が目的になってしまう、いわゆる「手段の目的化」に陥りがちです。

そこでまずは「計画」ステップとして、業務プロセスの整理を行いましょう。具体的には以下の3つが重要になります。

- シゴトを「一連の流れ」として「見える化」する
- 自動化したい業務を「言語化」する（自動化の効果を言葉で整理する）
- 自動化したい業務の「優先順位」を決める

シゴトを「一連の流れ」として「見える化」する

各自が実行している業務を「一連の流れ」として「見える化」し、**ヒトの判断に依存する部分がどこにあるかを明確にすることで、自動化できる部分**

と自動化できない部分を定めることができます。

業務の「一連の流れ」と業務の「前後関係を整理する」方法として、**「業務プロセスモデル」（業務フロー図）**を利用する方法があります。

まずは、自動化したい作業の手順を思い出し、一つひとつのプロセスを順序どおり図に描いて整理してみましょう。

業務を「一連の流れ」として図式化することで、普段、作業がどこで遅延しがちなのかを思い出したり、詳細不明な作業がどこにあるのかを知る機会となり、関係者から情報取集することで、業務改善ポイントが見つかりやすくなります。

図2-23 BPMN（業務プロセスモデリング表記法）による業務プロセスモデル図の例

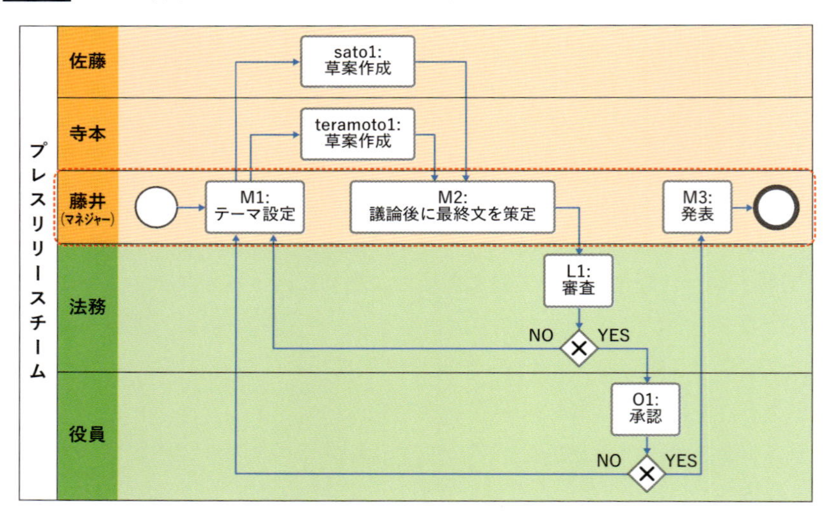

表2-6 BPMNの図で利用する記号（抜粋）

図の意味	説明
スイムレーン（赤点線部分）	・同一の役割の人によって処理されるタスクをグルーピングする ・スイムレーン内のタスクは、原則、同一ユーザーが処理する
アクティビティ	・業務内容を表す →人が処理すると定めた工程 →システムが自動処理する工程
ゲートウェイ	・分岐条件を示す
開始イベントと終了イベント（開始／終了）	・プロセスを開始するポイント ・プロセスを終了するポイント
フロー	・工程の前後関係。1工程から複数に分岐する場合もある

業務プロセスモデル図（業務フロー図）は、BPMN[11]で定義された記号を使って記述することもできますが、目的は、各自が実行している業務を「一連の流れ」として「見える化」することなので、図2-24のように、組織やチームで理解しやすい方法でまとめてもよいでしょう。

また、図を使ってシゴトを「一連の流れ」として「見える化」すると、同じチームで一緒にシゴトをしていても、ヒトによってモノゴトを捉える粒度、「思考の粒度」が異なることがわかります。各自が実行しているコトを「一連の流れ」として捉えると、お互いの認識の違いを見つけやすくなります。

粒度の差は、異なる解釈を生み、プロセスの過不足や問題を発生させます。**粒度を揃え、プロセスの過不足を顕在化させることが、組織の問題や課題を改善する第一歩**です。

図2-24 組織で記号を標準化した業務フロー図の例

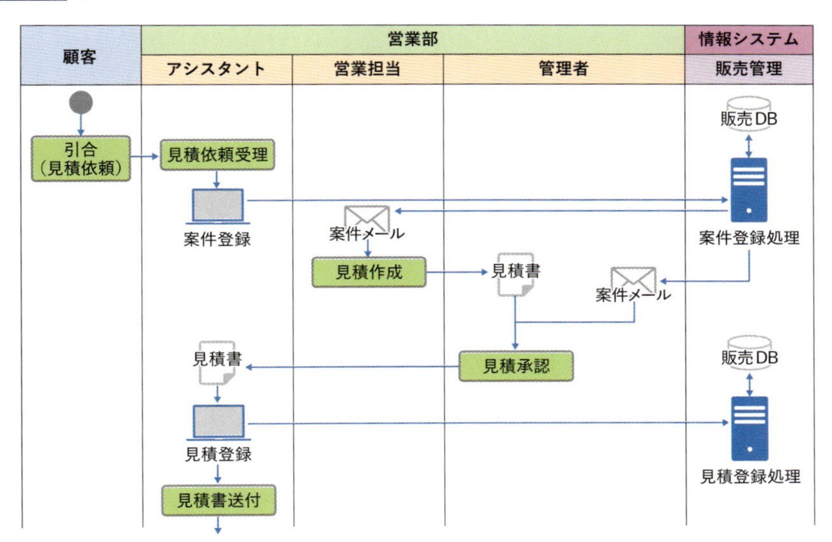

自動化したい業務を「言語化」する（自動化の効果を言葉で整理する）

業務フロー図で業務の流れを「見える化」したら、次にPower Automateで自動化する業務を決めるために、次の内容を整理します。整理した内容について、関係者の認識齟齬がないこともあわせて確認しておきましょう。

11 BPMNとは、業務プロセス（Business Process）の定義や描画法に関する国際標準です。それぞれの工程について、どのチームが、どのデータを使って、何をするのか」といった組織内の業務手順等を図解表記できます（https://bpm-consortium.or.jp/bpmn/）。

【What(何を)】どの業務を自動化したいですか？
【Why(なぜ)】自動化で、どの問題が解決され、目標が達成されますか？
【Who(誰が)】誰の業務が効率化されますか？
【How to(どのように】どのサービスを利用して実現しますか？
【How many(どれくらい)】どのような効果がありますか？　どのくらい時間が削減されますか？（携わる人数×完了までに必要な時間×回数）

例えば、実習1-1の内容を「言語化」すると、上記の5つはどのように整理できるでしょうか？

実習1-1は、「イメージをつかむためにとりあえず（難しく考えず）フローを作ってみましょう！」というスタンスでした。そのため、Power Automateのクラウドフローで、任意のタイミングで定型文をTeamsの特定チャネルに投稿できることは確認できましたが、「それが一体何につながるのか」はよくわからなかったのではないでしょうか。つまり、このフローは「自動化の効果」を言語化するのが難しいといえます。また、単にTeamsでチャットメッセージを送るだけであれば、わざわざPower Automateを使わなくても、直接、Teamsで送ればよいと考えた方もいらっしゃるでしょう。

実習1-1は、最後にスマートフォンで実行する遅刻連絡用フローに変更しました。利用するサービスは変更せず、「トリガー」に必要な情報を入力できるように変更し、スマートフォンにPower Automateアプリをインストールして、スマートフォンでクラウドフローを実行できるようにしました。

このように変更したことで、「自動化の効果」を言葉で整理できるようになるのではないでしょうか？

【What(何を)】出社や待ち合わせなどに遅刻する際の連絡
【Why(なぜ)】定型フォーマットと特定チャネル投稿による連絡の効率化
【Who(誰が)】全社員
【How to(どのように)】Power Automate と Teams
【How many(どれくらい)】1連絡あたり、1分→30秒の時間削減とした場合、1か月1人が4回利用した場合、300人の利用で10時間の時間削減みなさんが自分で「計画」を考える際にも、「なんとなくPower Automateを使ってみる」といった漠然とした意識で始めるのではなく、言語化可能な「自動化の効果」から考えることをオススメします。

自動化したい業務の「優先順位」を決める

自動化したい業務が複数ある場合、どの業務から自動化すればよいのか、優先順位を決めます。

モノゴトを整理する際によく利用されるフレームワークに4象限マトリクスがあります。シンプルで利用しやすいフレームワークではありますが、**4象限マトリクスを利用して整理する場合、「業務の影響範囲」や「業務の粒度」が異なる業務が混在しないよう注意が必要**です。

図2-25 業務改善の優先順位の整理

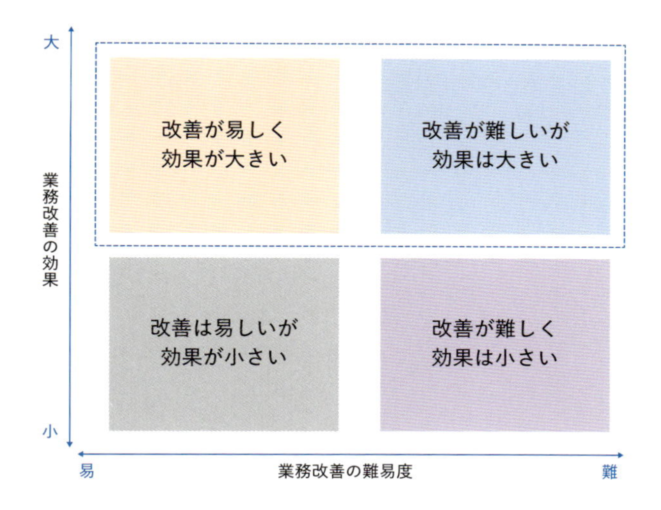

例えば、一部の関係者の業務改善が「部分最適」で行われた結果、組織やチームの「全体最適」に悪影響を及ぼしているのであれば、本末転倒です。

業務の自動化の優先順位を決める際は、4象限マトリクスで大まかな整理をした後、優先順位の検討に必要な「項目」と「評価基準」を定義し、リストで整理することをオススメします。

表2-7 自動化の優先順位の整理例

NO	業務名	関係部門	対象人数	頻度	所用時間	削減時間	削減時間合計	削減コスト	評価点	優先順位
1	勤怠管理	全社	2500	2/日	3分	1分	1666h/月	416万	△	⑩
	(評価点)	5	5		1		2	2	15	
2	営業報告	営業本部	550	1/日	60分	40分	7333h/月	1832万	◎	①
	(評価点)	3	3		3		5	4	18	
3	出張申請	全社	2000	6/月	15分	10分	2083h/月	520万	○	②
	(評価点)	5	5		2		3	2	17	
4	データ管理	全社	1050	2/日	60分	20分	2000h/月	500万	○	③
	(評価点)	5	4		3		3	2	17	
5	…	…	…	…	…	…		…	…	
	…	…	…		…			…	…	…

表2-8 自動化の優先順位の評価基準例

優先順位の評価基準						
	項目	1点	2点	3点	4点	5点
①	関係部門	1部門	2部門	1本部	2本部以上	全社
②	対象人数	100名未満	100名～500名	501名～1000名	1001名～1500名	1500名～
③	頻度×削減時間	1h未満	1h～10h未満	11h～40h未満	41h～60h未満	61h以上～
④	削減時間合計	1000h未満	1000h～1999h	2000h～2999h	3000h～3999h	4000h～
⑤	削減コスト	300万未満	300万～699万	700万～999万	1000万～1999万	2000万～

「設計」で新しい自動化プロセスを決定する

「計画」ステップを経て、自動化する業務の優先順位が決まったら、次は「設計」のステップです。

「設計」では、Power Automateで業務を自動化する際、自動化する範囲とどのサービスを組み合わせて自動化を実現するかを決定します。具体的には次の3つが重要になります。

- クラウドフローで自動化する範囲を決める
- 利用するサービスの組み合わせを決める
- 業務の「プロセス」と「データ」の関係性を明確化する

クラウドフローで自動化する範囲を決める

「計画」ステップで作成した業務プロセスモデル図を使って、自動化する範囲を決定します。スイムレーンやフローチャートで、「誰が」「いつ（どのようなトリガーをキッカケに）」「何（どのサービス）に対して」「何をする（アクション）」など、業務プロセスが整理されていることが重要です。

図2-26 自動化する範囲を決める[12]

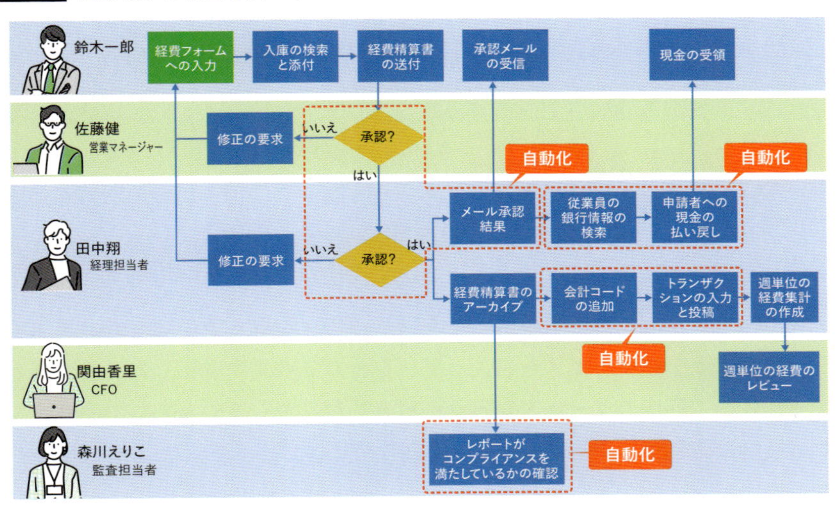

12 参考 https://learn.microsoft.com/ja-jp/power-automate/guidance/planning/process-design

作成したクラウドフローが、できるだけ広範囲で利用され、導入効果が出るように、範囲を決める際、以下のような観点で日々の作業を確認します。

- **ビジネスルールの適用が必須な作業**
  (例) 経費処理が100万円を超える場合の承認プロセスを自動化することで、高額の経費処理を見過ごされないようにする
- **手動で反復して行われている作業**
  (例) 見積書や契約書などを手動でPDFファイルに変換して保存する作業を、自動化することで効率化する
- **人為的ミスが発生しやすい作業**
  (例) 1つのシステムから別のシステムに値をコピーして貼り付けるなど、人為的ミスの発生しやすい作業を自動化してミスを削減する
- **大量のプロセスで効率を上げたい作業**
  (例) 毎日、頻繁に発生する作業の場合、自動化によって1回あたり1分の短縮ができれば、従業員1000人の場合、全体で2営業日分の時間を節約できる
- **使用可能なリソースを最大限に活用できる作業**
  (例) 通常の営業時間外に無人で完了できるプロセスがあれば、自動化によって時間外に実行することで、PCなどのリソースを最大限活用できる

利用するサービスの組み合わせを決める

Power Automateは、複数のクラウドサービスを組み合わせたり、単体のクラウドサービスを定期的に実行したりすることで、一連の作業を自動化するサービスですが、「どのサービスを組み合わせて実現するか」に単一解はありません。

そのため、サービスの組み合わせを決める際、注意したいことがあります。それは、**使用するサービスを考える際、自分がこれまで利用したことがあるサービスや、既知のサービスからサービスを選んでしまいがちになる**ことです。最適なクラウドサービスを選択するためには、日頃からPower Automateについて情報交換できる場に参加しておくことが大切です。

図2-27 クラウドサービス連携のイメージ

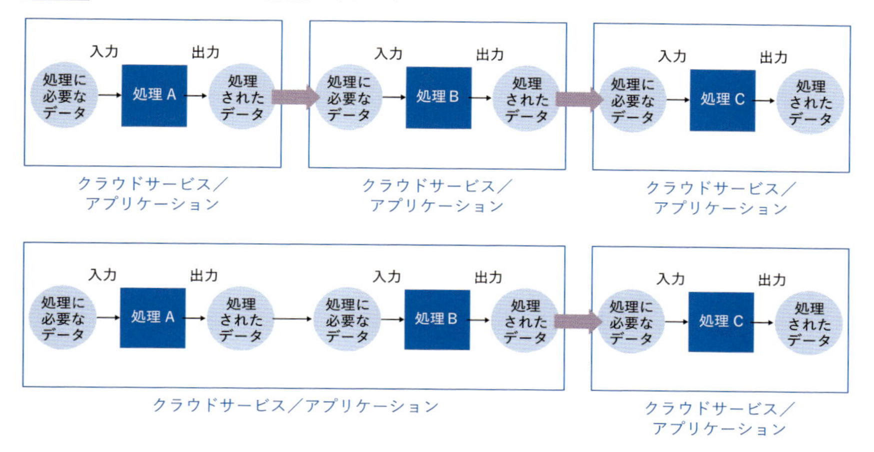

また、以前はPower Automateの自動化で実現していた処理が、のちにクラウドサービスそのものの機能として実装されることもあります。Power Automateで作成するクラウドフローは、クラウドサービス単体の機能では実現が難しく、サービスの組み合わせによって実現できる作業を自動化するものです。

フローで利用するサービスを決める際は、そのサービスに接続するための「コネクタ」によって、どのような「トリガー」や「アクション」が利用できるか、また、トリガーやアクションによって、どのような「動的コンテンツ」が提供されているかが鍵になります。「コネクタ」を利用する際、「トリガー」や「アクション」を眺めながら、どのようなことができそうかを大まかに把握しておくと、新しいフローを作成する際に役立ちます。

Microsoft 365のサービスで利用される主なコネクタには、次ページのようなものがあります。

● Office 365 Outlook[13]

コネクタには、仕事で利用しているMicrosoft 365のメールや予定表を操作するトリガーやアクションが含まれています。メールの受信をトリガーに処理を開始したり、メールの添付ファイルを取得したり、処理結果をメールとして送信したりできます。

● Microsoft Forms

Power Appsと異なり、Power Automateでは、基本的に入力画面を作成することができません[14]。ユーザーからデータ入力を受け付け、入力したデータに基づき処理を実行したい場合は、FormsとPower Automateを組み合わせることで、さまざまな業務に対応したフローを作成することができます。

● Microsoft Teams

ビジネスチャットやオンライン会議ツールとして、多くのビジネスユーザーに利用されているサービスです。近年、社内外に関係なく、Teamsチャットで業務連絡をしているヒトも増えています。Power Automateで連携するさまざまなサービスの情報集約（情報投稿）先として利用することができます。

● Microsoft SharePoint

コネクタを利用すると、SharePointの「リスト」や「ライブラリ」にアイテムを追加することができます。組織やチームに共有する情報がリストに追加されたり、ファイルがライブラリに保存されたりしたことをトリガーに処理を開始できます。Power Automateを利用することで、他のクラウドサービスのデータを「リスト」や「ライブラリ」に保存する作業を自動化できます。

● OneDrive for Business[15]

自分の業務ファイルをクラウド上に保存するためのサービス（クラウドストレージサービス）がOneDrive for Businessです。Power Automateを利用することで、他のクラウドサービスで扱っているファイル（例：メールの添付ファイル）をOneDrive for Businessに保存する作業を自動化できます。

13 メールのコネクタとして「Office 365 Outlook」コネクタとは別に「Outlook.com」コネクタがあります。「Outlook.com」コネクタは、プライベートで利用するメールサービスになります。業務で利用するMicrosoft 365のOutlookとは異なるため、注意してください。
14 1章で利用した「フローを手動でトリガーする」トリガーは、入力を自由に追加できる特殊なトリガーです。

業務の「プロセス」と「データ」の関係性を明確化する

クラウドフローを作成する際、「トリガー」や「アクション」に必要なデータは、「パラメーター」として設定しておく必要があります。クラウドフローが実行されると、「パラメーター」のデータを使って処理が行われ、処理結果として出力されたデータは、以降の処理の入力データとして利用することも可能です。

図2-28 処理とデータ

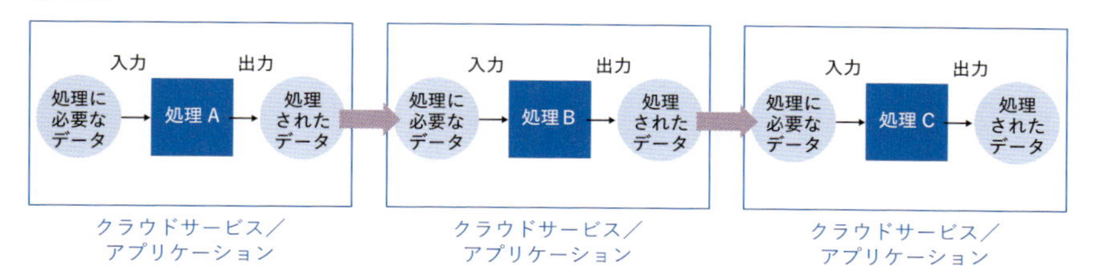

つまり、クラウドフローを作成する前に、**各処理に必要なデータ（パラメーターとして設定するデータ）と、処理結果として欲しい情報を整理しておく必要があります。あわせて、処理に必要なデータに対する「アクセス権」や「データの種類」についても確認しておく必要があります。**

Power Automateで業務の自動化を行いたくても、処理に必要なデータが存在しない、また、データがあったとしても該当するデータにアクセス不可であれば、処理を自動化することはできません。

- **データに対する権限**
  - ・読み書き可能：値について、閲覧可能および編集可能
  - ・読み込みのみ：値について、閲覧可能および編集不可
- **データの種類**
  - ・文字（単一行・複数行）
  - ・数値
  - ・選択（ラジオボタン・チェックボックス・リスト・検索リスト）
  - ・日付（年月日・年月・月日・年)、日時
  - ・ファイル　など……

15 「OneDrive for Business」コネクタとは別に「OneDrive」コネクタがあります。「OneDrive」コネクタは、プライベートで利用するクラウドストレージサービスになります。業務で利用する「OneDrive for Business」とは異なるため、注意してください。

実習 2-1

「テンプレート」で自動化できる業務のイメージをつかむ

業務の効率化には、業務に潜む「ムダ」「ムラ」「ムリ」を見つける必要があることを誰もが知っています。ところが、業務に潜む「ムダ」「ムラ」「ムリ」を見つけられない、「ムダ」「ムラ」「ムリ」を見つけられたとしても、試みた施策が「想定より効果がでない」ケースが少なくありません。

例えば、業務に潜む「ムダ」のひとつに、**新しい方法を知らないがゆえに、昔ながらの方法を続けているケース**があります。特に、業務に対して不満も不便も感じていない場合、現状のやり方に対して、もっと効率的なやり方があるかもしれないと考えることが少なくなりがちです。**「楽しいと感じる、進んでやりたい業務」にも「ムダ」は潜んでいて、むしろヒトが面倒と感じていない分、「面倒だと感じる、できればやりたくない業務」より「ムダ」に気付きづらい状態をつくり出してしまう**ことさえあります。

また、「面倒だと感じる、できればやりたくない業務」をヒトがやり続けることは、「ムラ」や「ムリ」を増長させる原因にもなります。「ムラ」や「ムリ」の増長がシゴトの質を低下させるのは言うまでもなく、顧客や同僚からの信頼を失うといった望まない結果を引き起こすこともあります。

目標に掲げたとしても「うまくいかないこと」の代名詞になってしまった「業務効率化」と「生産性向上」。インターネットで検索をすれば数千万を超える情報が表示され、ChatGPTに尋ねれば何度も読んだことがある回答が返ってくるにも関わらず、「業務改善が進まない」「生産効率が上がらない」原因はどこにあるのでしょう？　私は、**「業務改善が進まない」「生産効率が上がらない」原因のひとつに、ITによる業務の自動化が具体的にイメージできないこと**があると考えています。

そこで、業務の自動化を具体的にイメージする方法として、Power Automateの「テンプレート」を閲覧することをオススメしています。Power Automateのテンプレートは、よく利用されているテンプレートがまとめられた「トップピック」「メール」「通知」といったカテゴリで分類されています。

Power Automateのテンプレートを確認する

Power Automateの「テンプレート」に、どのようなテンプレートがあるかを確認します。Webブラウザーを起動し、Microsoft 365にサインインした上で[16]、[⁝⁝⁝]または[アプリ]をクリックし、Power Automateをクリックします（P.19参照）。

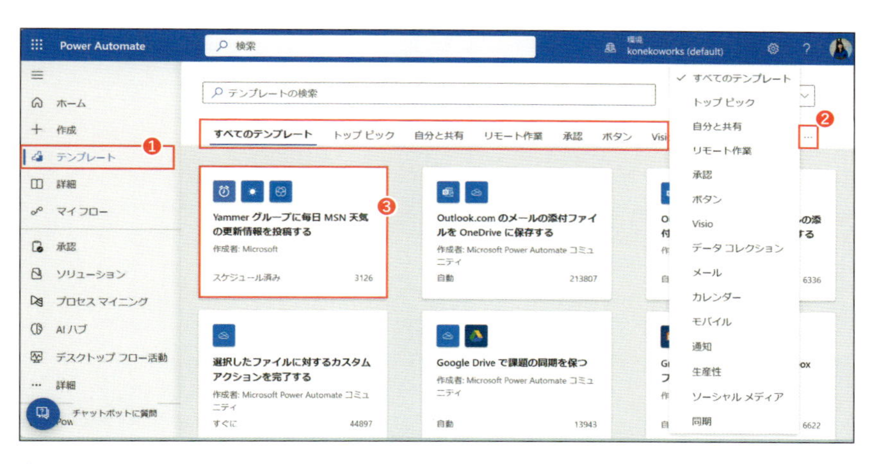

❶画面左側に表示されるメニューから[テンプレート]を選択します。
❷カテゴリのタブやタブの右側にある[…]をクリックし、各カテゴリに用意されているテンプレートを確認します。
❸さまざまカテゴリにアクセスし、どのようなテンプレートが提供されているかを確認します。

テンプレートが用意されていると、すべてを試したくなるかもしれませんが、**まずは「トップピック」や興味のあるカテゴリのテンプレートを眺め、自動化したい業務をイメージしたり、業務の自動化を考える際のヒントにしたりするとよい**でしょう。

使用するクラウドサービスから目的のテンプレートを探す

自動化で利用するクラウドサービスを想定している場合は、クラウドサービス名で検索をしたり、「人気度」や「公開日時」で並べ替えたりしながら、効率よくテンプレートを探すこともできます。

16「https://www.office.com/」または「https://www.microsoft365.com/」にアクセスします。

❶検索ボックスにクラウドサービス名(例:BOX)を入力します。
❷カテゴリのタブ(例:メール)をクリックします。
❸並べ替えを使うと、「人気度」「名前」「公開日時」で並べ替えができることを確認します。

コラム

クラウドサービスの進化とPower Automateテンプレートの関係

Power Automateのテンプレートを利用すると簡単にクラウドフローが作成できるので、慣れてくると、何でもPower Automateで自動化したいと思うことがあります。特に、今まで不便に感じていたことを簡単に自動化できるのですから、該当するテンプレートを見つけるとすぐにフローを作成したいと思うのは自然な気持ちです。

しかし、該当するテンプレートを見つけたとしても、**すぐにフローを作成するのではなく、クラウドサービスに同等の機能が実装されていないかどうかを確認してほしい**のです。その理由は、Power Automateの自動化で実現していた処理が、のちにクラウドサービスの機能として実装されていることがあるからです。特に人気があるPower Automateテンプレートで実現していた処理は、のちにクラウドサービスの機能として実装されることがあります。つまり、以前は**Power Automateで実現する必要があった処理が、クラウドサービスの機能として実装され、Power Automateでクラウドフローを作成する必要がなくなっている場合がある**ということです。

例えば、トップピックの「人気度で並べ替え」（2024年9月1日時点）で上位に出てくる「応答をスケジュールする」テンプレートは、Teamsのメッセージを遅延投稿するためのテンプレートですが、現在はTeamsの機能として実装されています。Teamsでメッセージを投稿する際、▶（送信）ボタンをクリックするとすぐにメッセージが投稿されますが、▶（送信）ボタンを右クリックすると、送信日時を設定するためのダイアログボックスが表示されます。

図2-29「応答をスケジュールする」テンプレートとTeamsでの機能実装

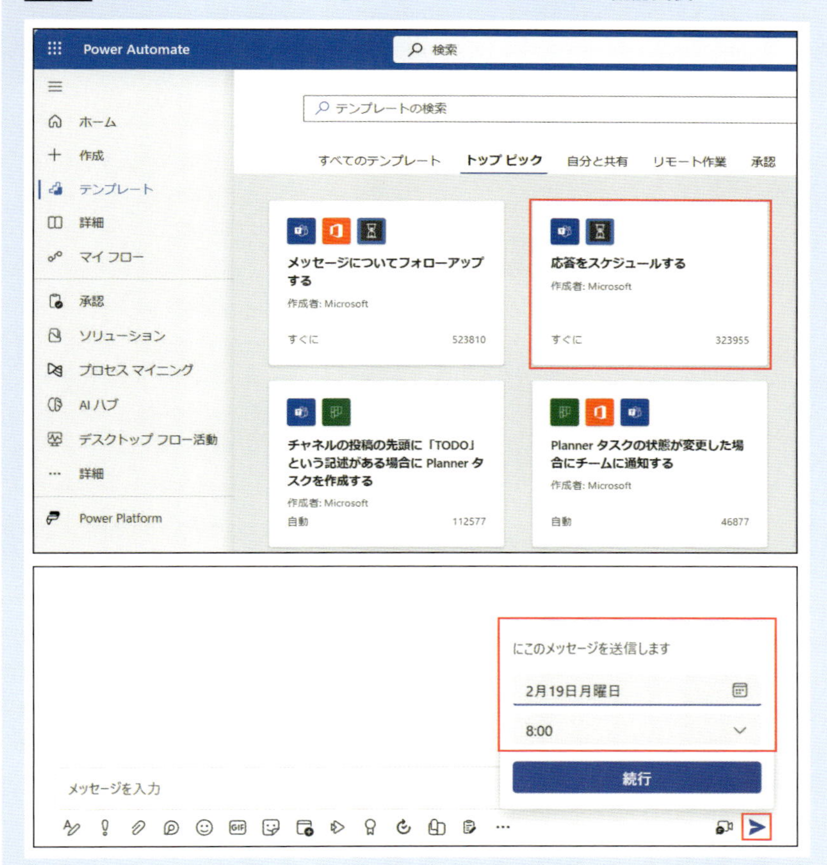

コラム

業務の共通点をコンセプチャルスキルで考える

表2-9は、顧客から「業務改善したい」と相談される内容をまとめたものです。「メールやチャット」「リマインド」「書類作成」のいずれにも共通することは何でしょう？　P.50のコラムで紹介した「コンセプチャルスキル」を駆使して、この3つに共通することが何かを考えてみてください。

表2-9 顧客が改善したい業務の例

業務内容	具体例	利用しているサービスやアプリ
メールやチャット	メールの送信や返信	Outlook ／ Gmail
	アンケート回答に対する御礼メール	Forms Outlook ／ Gmail
	チャット投稿に対する返信	Teams ／ Slack
リマインド	毎月、毎週恒例のリマインド リマインダーの受け取り	Teams ／ Slack Outlook
書類作成	申請書類の作成	Word ／ Excel
	会議資料の作成	Word ／ Excel

これらの「共通点」については、最後のコラムで解説します（P.238参照）。コンセプチャルスキルを意識しながら、ぜひ、本書を読み進めてみてください。

第3章

重要な連絡を見逃さない！
対応速度の最速化

第3章では、「重要なメールの到着」や「問合せフォームの送信」など、誰かから情報が送られてきたタイミングでTeamsのチャネルに情報を集約するフローを作成し、情報の到着にすぐに気づき、対応できるようにします。

本章の目標

- シゴトにおける「コミュニケーション手段の使い分け」を整理する
- Outlookコネクタの「トリガー」「アクション」の使い方を理解する
- Formsコネクタの「トリガー」「アクション」の使い方を理解する

実習 3-1

重要なメールをチャットツールに転送する

近年、シゴトで使うコミュニケーション手段として、「チャット・メッセージングアプリ」の利用が増えています。

リアルタイム性の高いチャットコミュニケーションの便利さを求め、組織内に限らず、顧客やビジネスパートナーといった関係者とチャットでコミュニケーションをする機会が多くなっているヒトもいるでしょう。

利用可能なコミュニケーション手段が増えると、状況に合わせた最適な手段を選択できる一方、情報が分散したり、分散した情報を探すのに手間がかかったりといった別の問題を引き起こすことがあります。そのひとつとして、チャットコミュニケーション比率が高くなったことで、メールを確認する回数が減り、メールの返信がこれまでより遅くなってしまうといった悩みが聞かれるようにもなってきました。

図3-1 仕事で使っている主なコミュニケーション手段[1]

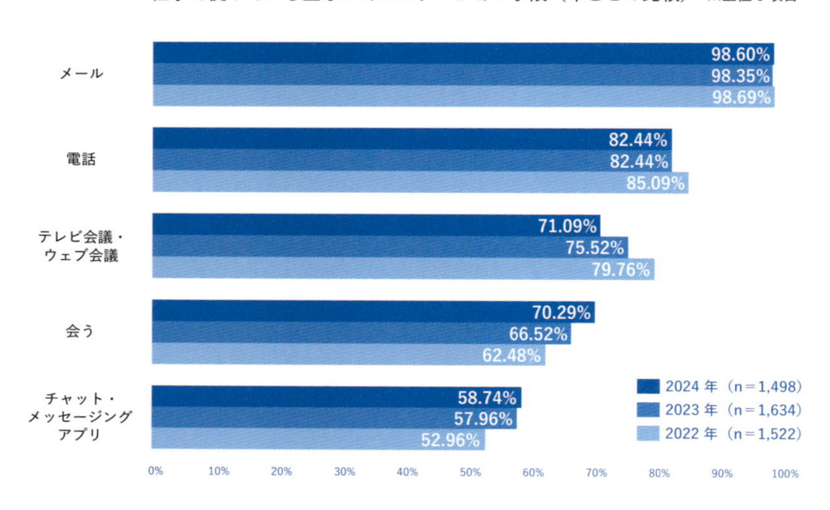

1 出典：一般社団法人日本ビジネスメール協会「ビジネスメール実態調査2024」（https://businessmail.or.jp/research/2024-result/）

自動化の「計画」

メールは、自分の意思で、自分が必要なタイミングでアクセスする、Pull型のコミュニケーションツールです。Pull型のツールは、集中して処理ができる一方、確認するタイミングや頻度によって、重要な情報への対応が遅くなってしまうことがあります。もちろん、メールの設定で、メールの受信をポップアップ通知させることもできますが、受信のたびに頻度高くポップアップ通知が行われることによって、逆に通知を意識しなくなるといった、本末転倒の状況が起きることもあります。

そこで、実習3-1では、重要なメールを受信したらビジネスチャットに転送し、重要なメールの受信に気づけるようにします。

シゴトを「一連の流れ」として「見える化」する

メール業務の最もシンプルな流れは、相手から送られてきたメールに返信することです。また、その際、必要に応じて、添付ファイルで情報を提供することもあります。

図3-2 問い合わせメールのワークフローの例

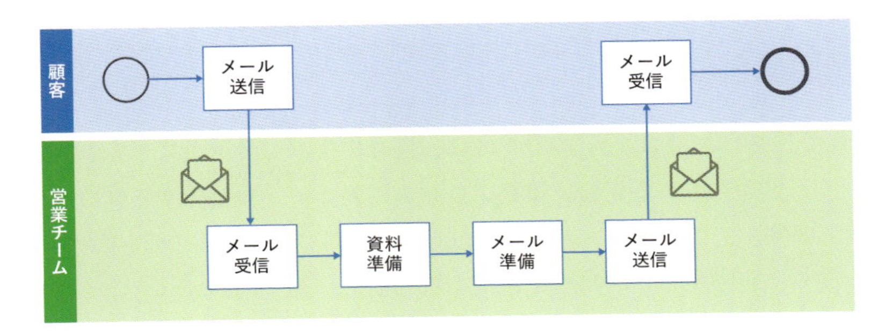

自動化したい業務を「文字化」する（自動化の効果を言葉で整理する）

メールのやり取りは必要な業務ではありますが、負担と非効率さを感じているヒトも多いでしょう。そこで考えたいのが、メール業務の自動化です。

メール業務にどのような自動化プロセスを適用できるかを、次の観点で整理・検討してみましょう。

● **メール送信**

・送信時間の指定

● **メール受信**

・メールの件名や本文のデータ抽出

・添付ファイルの仕分け

・添付ファイルの変換（PDF化）、圧縮／解凍

大量のメールを効率よく効果的に処理するには、重要度の高いかつ返信が必要なメールに迅速に対応することが求められます。

実習3-1では、重要なメールを受信した際、チャットにメッセージを送ることで、重要なメールに早く気づき、迅速に対応できるようにします。

表3-1「メールの到着情報を集約する」フローの言語化例

What（何を）	重要メールの受信をすぐに認識する
Why（なぜ）	重要メールに迅速に返信するため
Who（誰が）	営業チーム（最終的に全社員に展開）
How to（どのように）	重要メールの受信情報をチャットツールに集約する
How many（どれくらい）	週に1人50件×営業部員人数

自動化の「設計」

2章で説明したとおり、「設計」では、既存の業務プロセスにとらわれることなく、**最適化された新しい業務プロセスに対して、自動化するプロセスを決定します。**その際にベースとなるのが、「計画」で作成した業務プロセスモデル図や、自動化したい業務を言葉で整理した一覧です。

クラウドフローで自動化する範囲を決める

まず、業務プロセスの「はじまり」から「おわり」までを整理します。メール業務の「はじまり」は、送信者がメールを送信することですが、「おわり」は、メールの目的によって異なります。連絡やお知らせのように、本文を受信者に届けることが目的であれば、受信者がメールを受け取ることが「おわり」を意味します。また、依頼や質問のように、受信者からの返信が必要

な場合は、返信が返ってくることが「おわり」になります。クラウドフローで業務を自動化する場合、業務プロセスの「はじまり」から「おわり」までのすべての自動化（完全自動化）から考えるのではなく、業務プロセスの一部である、複数のプロセスを1つにまとめてプロセスを簡略化（部分集約）することから始めます。

実習3-1では、図3-3のように、メールを受信してからチャットに受信連絡を送るプロセスを自動化することを考えます。

図3-3 メール受信通知の自動化

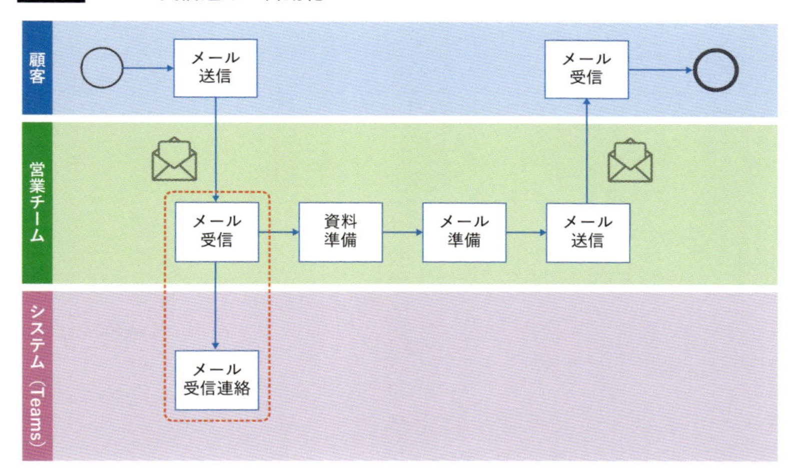

利用するサービスの組み合わせを決める

一般社団法人日本ビジネスメール協会の調査によると、ビジネスの場で利用されているメールソフトは「Outlook（Microsoft 365、Teamsを含む）」が60.01%と最も高く、次は「Gmail（Google Workspaceを含む）」の38.85%で、この2つのメールソフトで98.86%となっています[2]。

メールは、他のコミュニケーションツールと比較してフォーマットに縛りがなく、長文記述やファイル添付など自在に使える便利なツールである一方、チャット・メッセージングアプリと比べると同期性が劣ります。

そこで、Pull型のコミュニケーションツール（メール）の短所をPush型のコミュニケーションツール（チャット）で補完するため、OutlookとTeamsを組み合わせて利用します。

2 出典：一般社団法人日本ビジネスメール協会「ビジネスメール実態調査2024」（https://businessmail.or.jp/research/2024-result/）

業務の「プロセス」と「データ」の関係性を明確化する

Power Automateでクラウドフローを作成する前に、新しい自動化プロセスを「紙の上で」[3]設計し、さまざまな自動化方法を検討します。その際、必要な業務プロセスと業務プロセスに必要なデータを明確にします。

例えば、メールの送受信に関連するデータを整理すると、表3-2のようなデータがあります。

表3-2 メールの送受信に関連するデータ[4]

	データの種類	必須 or 任意
差出人	文字列（メールアドレス）	必須
宛先	文字列（メールアドレス）	必須
件名	文字列	必須
本文	文字列	必須
CC	文字列	任意
BCC	文字列	任意
重要度	選択（チェックボックス）	任意
配信メッセージの要求	選択（チェックボックス）	任意
確認メッセージの要求	選択（チェックボックス）	任意
リアクション機能	選択（チェックボックス）	任意

図3-4 メール受信を通知する際の条件検討

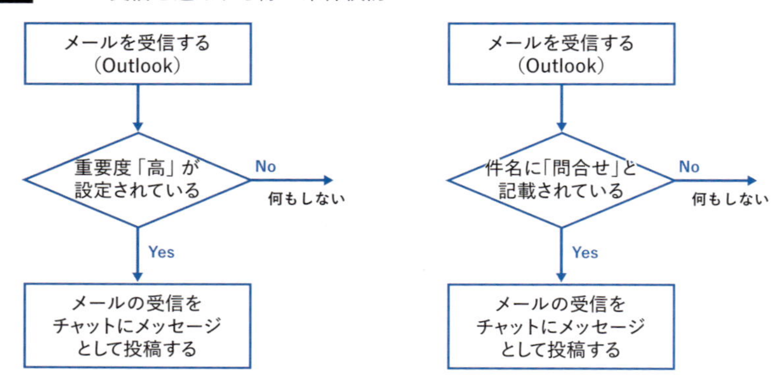

以上の「計画」「設計」を踏まえて、具体的なフローの作成（Lesson）に入っていきます。

3 「紙の上」は必ずしも物理的な紙でなくても構いません（例：ホワイドボードや描画ツール）。頭の中だけで整理するのではなく、書きだす（描きだす）ことで思考の幅を拡げ、既存のやり方にとらわれることなく考えるようにしましょう。
4 利用するメールサービスの機能によって異なります。

Lesson1 Outlookで受信したメールをTeamsに投稿する

Lesson1では、Power Automateのテンプレートを利用して、Outlookでメールを受信したら、Teamsの指定されたチームのチャネルに投稿するフローを作成します。

「電子メールをチャネルに転送する」テンプレートを選択する

❶Power Automateを起動し、左側に表示されるメニューから[テンプレート]をクリックします。
❷[メール]タブをクリックします。
❸検索ボックスに「Outlook Teams」と入力します。
❹[電子メールをチャネルに転送する]テンプレートを選択します。

フローの接続先を確認する

❶「Office 365 Outlook」と「Microsoft Teams」にサインインするアカウントが表示されるので、チェックマークが表示されていることを確認します。
❷[続行]をクリックします。

メモ

利用するサービスにサインインできていない場合やアカウントを変更する場合は、[…]をクリックして、サービスにサインインします。

パラメーターを設定してフローを作成する

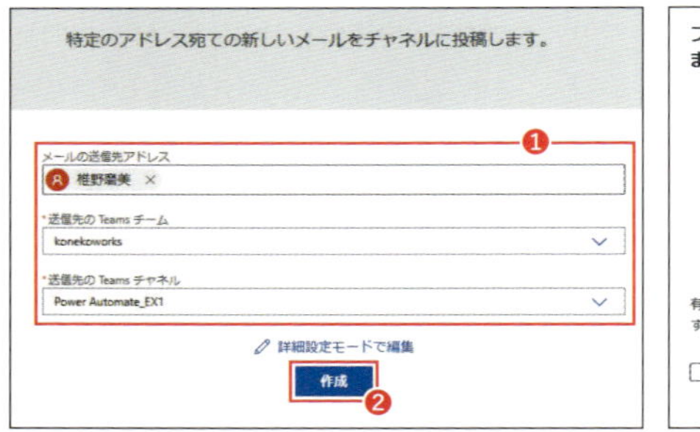

❶「メールの送信先アドレス」にメールを受信するアドレスを入力し、「送信先のTeamsチーム」で表示されるリストからTeamsのチーム名を、「送信先のTeamsチャネル」で表示されるリストからTeamsのチャネル名を選択します。
❷[作成]をクリックします。
❸[OK]をクリックします。

メモ

今後、この画面を表示したくない場合は、「今後はこれを表示しない」にチェックを入れてから[OK]をクリックします。

❹電子メール(Outlook)が到着したら、ビジネスチャット(Teams)に転送するクラウドフローが作成されました。

フローの動作を確認する

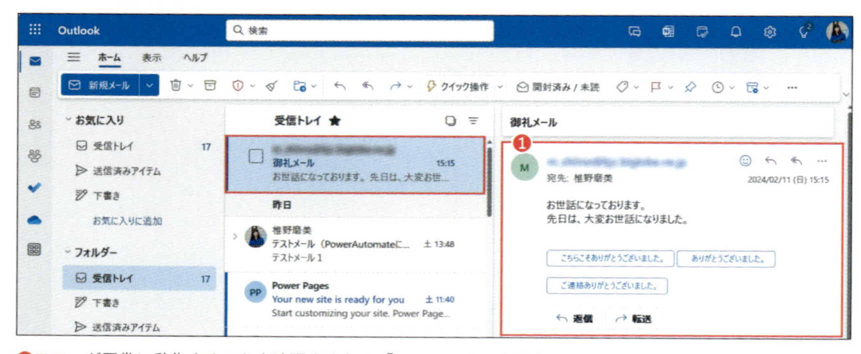

❶フローが正常に動作することを確認するため、「パラメーターを設定してフローを作成する」の❶で指定したメールアドレス宛にメールを送信します。

❷Teamsを開き、「パラメーターを設定してフローを作成する」の❶で設定したチームのチャネルにメールが転送されていることを確認します。

Lesson2 重要度「高」のメールのみTeamsに投稿する

Lesson1で作成したフローは、メールを受信するとすべてのメールがTeamsに転送されるので、Lesson2では、重要度「高」が設定されたメールのみTeamsに転送するようにフローを変更します。

フローを編集して「重要度」を設定する

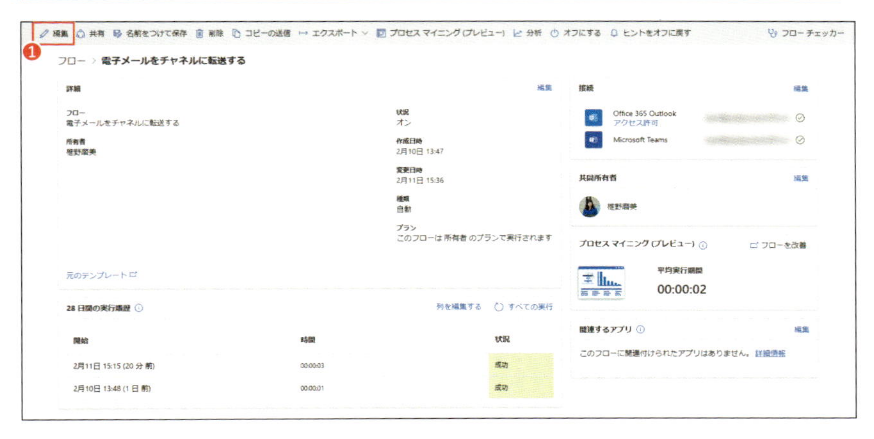

❶Lesson1で作成したフローの[編集]をクリックします。

❷Outlookのブロックをクリックします。
❸パラメーターの「重要度」を「任意」から「高」に変更します。
❹画面右上の[保存]をクリックします。

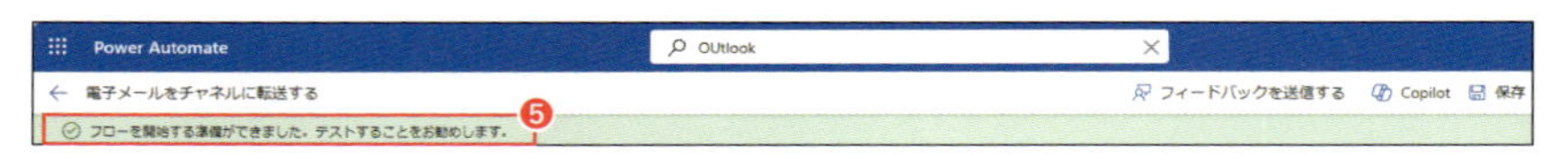

❺緑の帯が表示され、変更が保存されたことを確認します。

編集したフローの動作を確認する

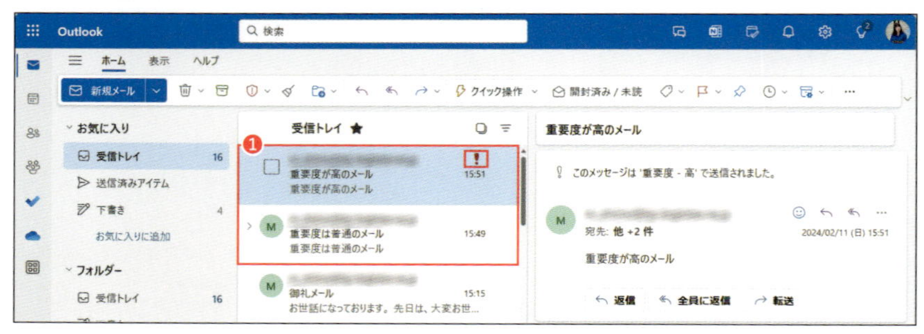

❶重要度を設定しないメール1通と、重要度「高」に設定したメール1通を送信します。

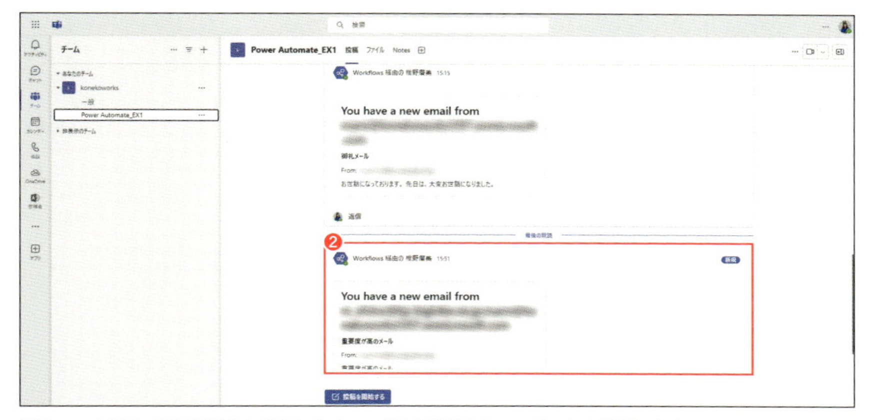

❷Teamsを開き、重要度「高」に設定したメールだけが投稿されていることを確認します。

Lesson3 件名に「問合せ」と書かれていたらTeamsに投稿する

Lesson2では、メールの重要度に応じてTeamsに転送するかどうかを判別するようにフローを変更しました。Lesson3では、メールの重要度ではなく、件名に含まれる文字列で判断するようにフローを変更します。

フローを編集して「件名フィルター」を設定する

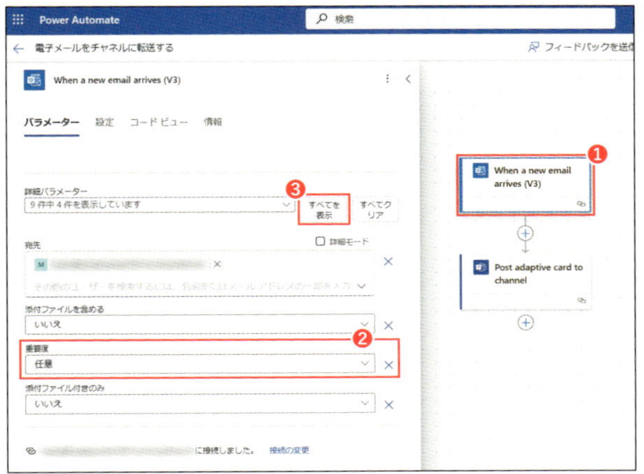

❶Lesson2で作成したフローを開き、Outlookのブロックをクリックします。
❷パラメーターの「重要度」を「高」から「任意」に変更します。
❸[すべてを表示]をクリックして、設定可能なすべてのパラメーターを表示します。

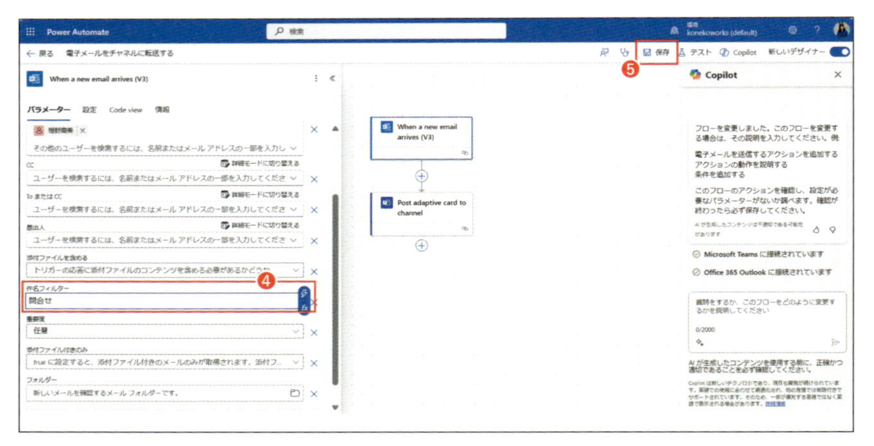

❹「件名フィルター」に「問合せ」と入力します。
❺[保存]をクリックします。

編集したフローの動作を確認する

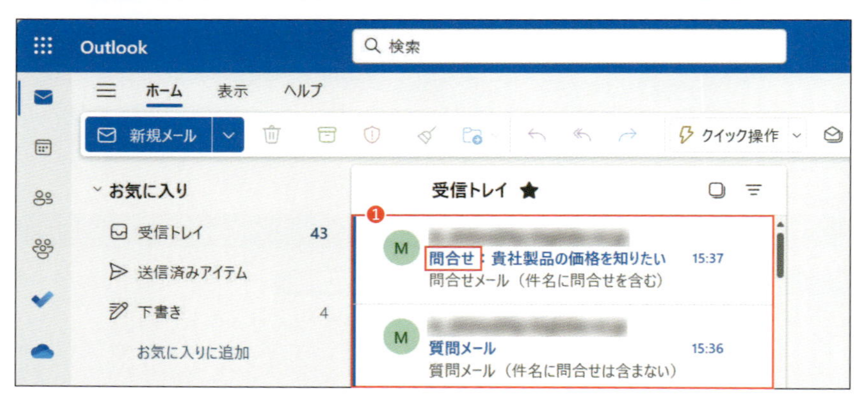

❶保存が完了したことを確認し、件名に「問合せ」が含まれないメール1通と、件名に「問合せ」が含まれるメール1通を送信します。

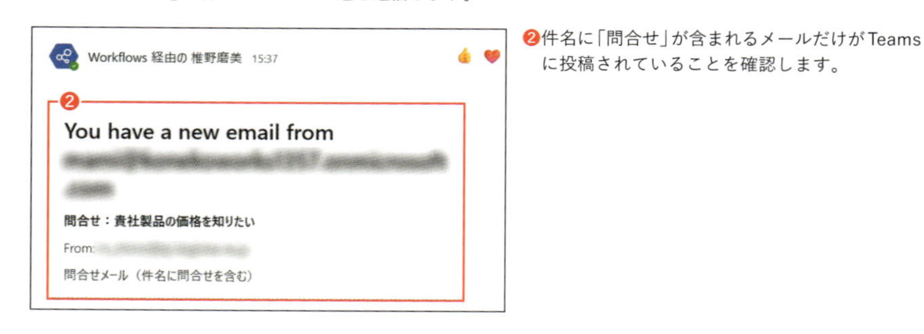

❷件名に「問合せ」が含まれるメールだけがTeamsに投稿されていることを確認します。

コラム

メール業務の自動化の課題

実習3-1で取り上げたメール業務には、次のような課題が潜んでいることがあります。みなさんの日々のシゴトを振り返っていただきながら、自動化できる部分がないか、ぜひ考えてみてください。

● メールの送受信数が多い

メール業務がビジネスパーソンの負担になっている原因のひとつに、メールの送受信数が多いことがあげられます。メールの送受信数を削減するため、**チャットツールを併用し、社内や特定の顧客とはチャットで、それ以外の相手とはメールと、コミュニケーションツールを使い分ける**組織も増えてきました。

とはいえ、メール1通を送信するには、宛先・件名・本文の3つを記述[5]する必要があり、場合によっては、ファイルを用意して添付する作業も加わります。また、関連部門への転送、メールの整理といった作業もあります。単純に数十通のメールを一つひとつ確認するにも、時間と労力が必要です。実習3-1では、このような状況において、重要メールの受信を見逃さないためのクラウドフローを作成しました。

● 添付ファイルの整理に時間がかかる

メールの添付ファイルの整理を一つひとつ手作業で行うと、1回あたりは短時間でも、合計すると思っている以上の時間や手間がかかっています。

例えば、毎月送られてくる発注書や請求書などは、管理しやすいように、指定フォルダに保存する作業が必要です。

メール業務の自動化として、添付ファイルを自動で特定のフォルダに保存するクラウドフローは、実習6-1で作成します。

5 定型で返信可能なメールについては、OutlookやGmailのテンプレート機能を使って、件名と本文はテンプレート化して効率化しましょう。

実習 3-2

顧客の問合せをチャットツールに転送する

Microsoft Formsは、簡単にアンケートの作成・収集・集計ができるため、利用したことがある方も多いのではないでしょうか。

2章の「Power Automateを使いこなすために必要なコンセプチャルスキル」(P.50参照）で前述したように、Microsoft Formsをアンケート専用サービスと捉えるのではなく、「入力フォームの作成・情報収集ができる」サービスと捉えることができれば、顧客からの問い合わせフォームであったり、イベントやセミナーの申し込みフォームであったりと、アンケート以外の用途に利用することができます。

自動化の「計画」

Microsoft FormsやGoogleフォームの登場によって、「問い合わせ」「申込み」「アンケート」といった定型フォーマットで情報入力可能な業務を効率よく行えるようになりました。これらのサービスを利用すると、簡単に入力フォームを作成し、情報収集を行えますが、メールと同様Pull型のツールであるため、収集された情報を確認するタイミングや頻度が不適切な場合、対応が遅くなるリスクがあります。

そこで、実習3-2では、問い合わせフォームを作成し、問い合わせフォームに情報が入力されたら、その情報が通知として自動的にビジネスチャットに投稿されるようにします。

シゴトを「一連の流れ」として「見える化」する

入力フォームを利用する業務の流れは、情報収集の目的と収集した情報に適した対応をすることです。

例えば、入力フォームの目的がアンケート収集であれば、アンケート収集の締切日まで収集した内容を確認する必要はありませんが、入力フォームの目的が顧客からの問い合わせの場合は、問い合わせが入力されたタイミングで迅速な対応が必要になります。

図3-5 問い合わせフォームのワークフローの例

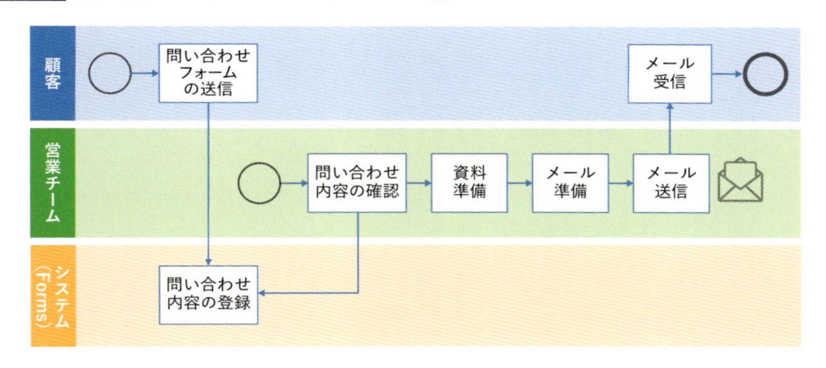

図3-6 アンケートフォームのワークフローの例

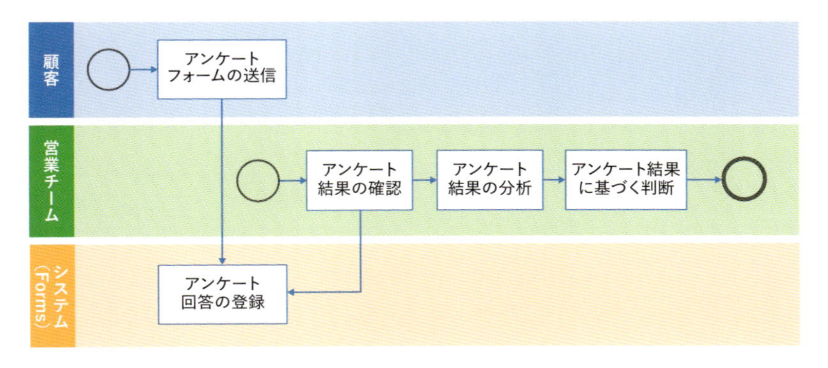

自動化したい業務を「文字化」する(自動化の効果を言葉で整理する)

入力フォームを提供するクラウドサービスの多くは、入力情報がクラウドサービス側のシステムに登録されたことを知らせるため、情報入力者への御礼メッセージも自動送信することができます。

情報収集自体は、ITサービスの進化により大幅に効率化できるようになりましたが、**収集した情報に対して、ヒトの判断が必要な部分については、まだまだ効率化する余地があります。**

情報収集業務にどのような自動化プロセスを適用できるか検討する場合、情報収集業務の基本の流れに沿って、以下の3つの観点で自動化プロセスを考えるとよいでしょう。

・情報収集の頻度と情報確認のタイミング（不定期 or 定期）
・情報収集後の工程において、条件分岐する作業が存在するか（有 or 無）
・収集した情報に対して、ヒトによる判断の必要性（有 or 無）

実習3-2では、フォームによる問い合わせを検知し、チャットに問い合わせ内容を送ることで、問い合わせ内容の共有と迅速な対応が行えるようにします。

表3-3「お問い合わせフォームの送信を検知する」フローの言語化例

What（何を）	顧客のお問い合わせを問い合わせ直後に認識する
Why（なぜ）	顧客のお問い合わせに迅速に対応するため
Who（誰が）	営業チーム（最終的に全社員展開）
How to（どのように）	問い合わせフォームが送信されると、チャットに通知され、情報が集約される
How many（どれくらい）	1件10秒の確認×1日30件×社員数60名×実働20日＝月100時間の削減

自動化の「設計」

Microsoft FormsやGoogleフォームのような「入力フォームの作成・情報収集ができる」サービスの特徴は、フォームの作成者が自由に入力項目や入力形式（テキスト、チェックボックス、数値評価など）を設計できることです。

入力フォームをクラウドフローで利用する場合、設計時にフォームの入力項目や入力形式を整理し、後工程に必要なデータがフォームを介して収集可能であることを確認しておきましょう。

クウドフローで自動化する範囲を決める

入力フォームの目的が顧客からの問い合わせであることから、実習3-1同様、問い合わせが入力されたタイミングで迅速な対応が必要になります。Teamsと連携し、顧客からの問い合わせを検知できるようにします。

図3-7 フォーム受信通知の自動化

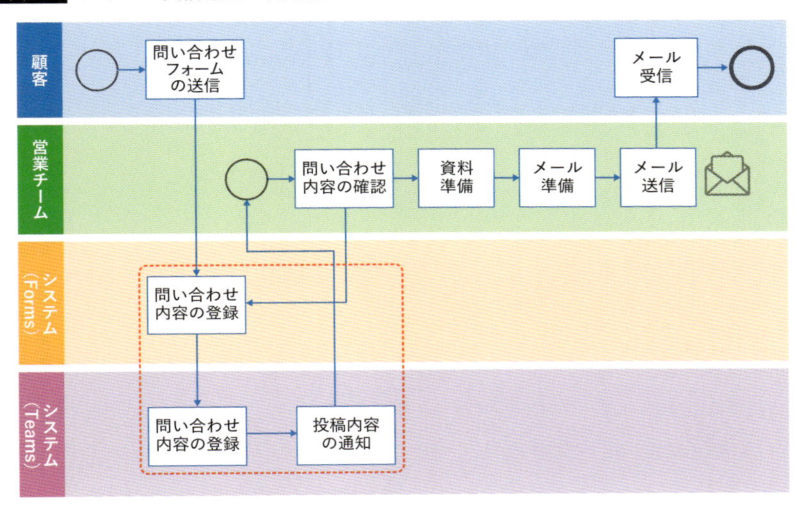

利用するサービスの組み合わせを決める

入力フォームは定型フォーマットで簡単に情報収集できる便利なツールである一方、Pull型のツールであるため、メールと同様に同期性が劣ります。

Pull型のコミュニケーションツール（入力フォーム）の短所をPush型のコミュニケーションツール（チャット）で補完するため、FormsとTeamsを組み合わせて利用します。

業務の「プロセス」と「データ」の関係性を明確化する

Formsの入力フォームに作成した各項目は、Power Automateの「動的コンテンツ」(P.40参照）として扱うことができるので、各項目に入力されたデータをクラウドフローのアクションで簡単に利用することができます。

表3-4 問い合わせフォームに関連するデータ

名前	文字列	必須
メールアドレス	文字列（メールアドレス）	必須
問い合わせ内容	文字列	必須

図3-8 入力フォーム（問い合わせ）の送信を通知する

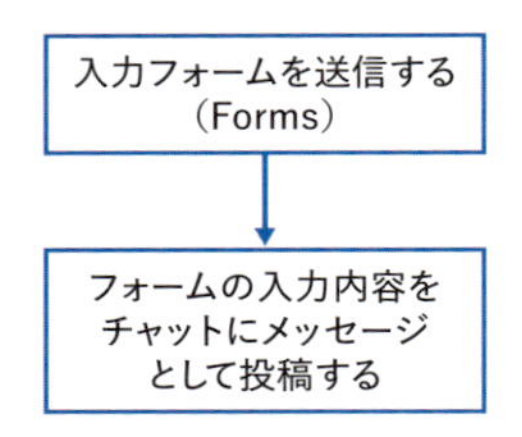

実習の準備

Power Automateでクラウドフローを作成する場合、トリガーとなるサービス（今回はForms）と、アクションとなるサービス（今回はTeams）の準備からはじめます。

今回のフローのトリガーは、「Formsのフォームに入力したデータが送信されたとき」であり、アクションは「入力されたデータをTeamsの特定チャネルに転記し、データが入力されたこと通知する」となります。

ここでは、顧客からの問い合わせフォームをイメージして、フローのトリガーとなるFormsの準備を始めていきましょう。

Formsで顧客からの問い合わせフォームを作成する

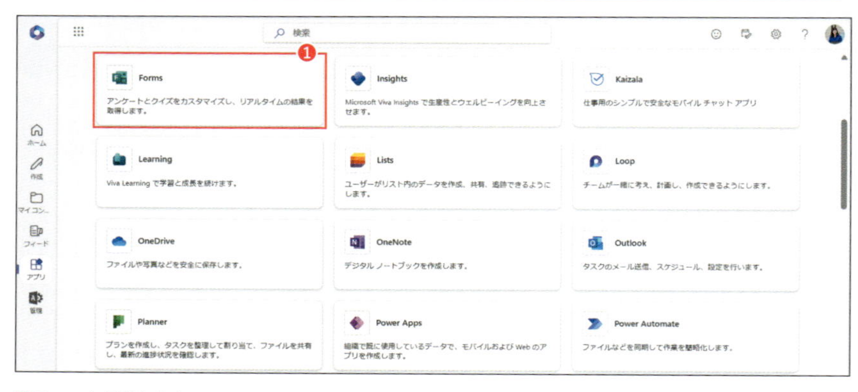

❶Formsを起動します。

❷[新しいフォーム]をクリックします。

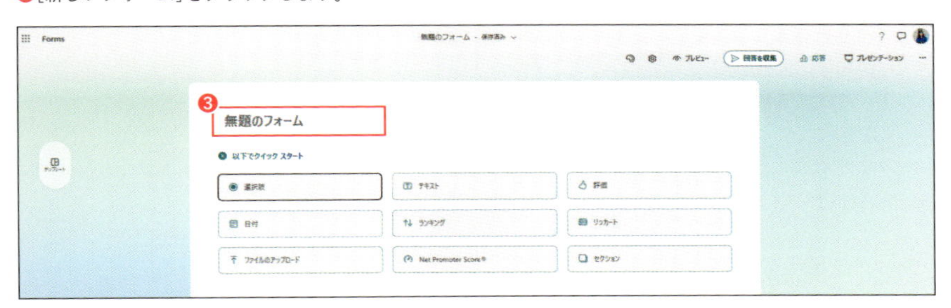

❸[無題のフォーム]をクリックして、フォーム名(例:お問い合わせ)を入力します。

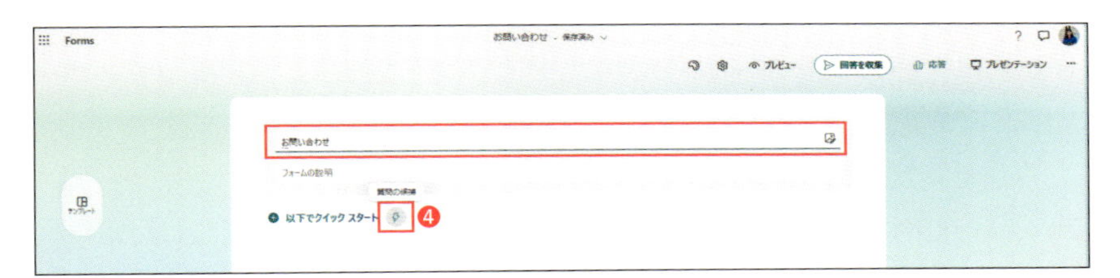

❹「お問い合わせ」と入力すると、[質問の候補]アイコンが表示されるので、アイコンをクリックします[6]。

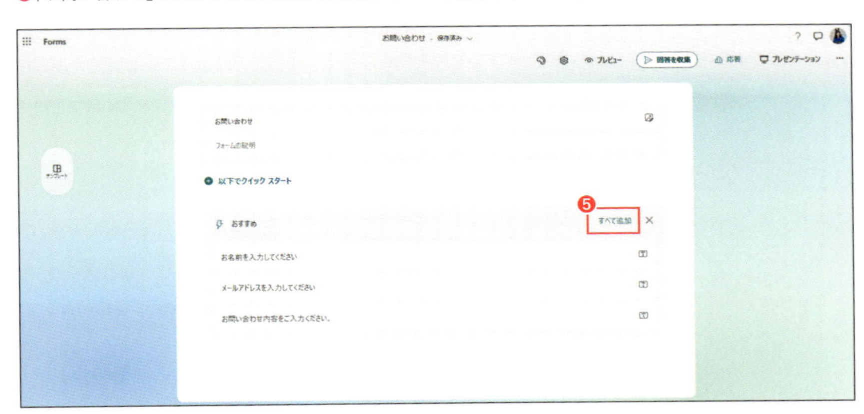

❺名前、メールアドレス、内容の項目が入っていることを確認し、[すべて追加]をクリックします[7]。

6 入力フォームのタイトルからおすすめの入力項目が想定できる場合は、[質問の候補]が表示されます。
7 入力項目を作成する際、おすすめ機能を利用しない場合は[＋以下でクイックスタート]をクリックし、入力形式(「選択肢」「テキスト」「評価」等)を選択し、入力項目を追加します。

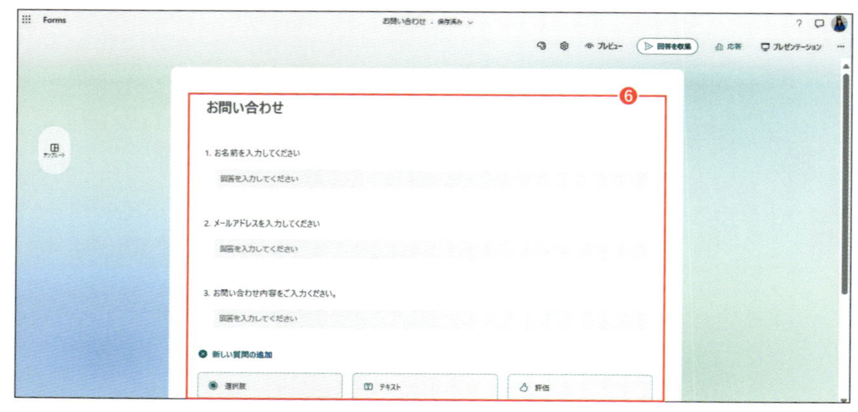

❻お問い合わせフォームの完成です。

Lesson1 Formsのトリガーとパラメーターを設定する

まずは、「一から開始」の「自動化したクラウドフロー」を利用してフローを作成します。

「自動化したクラウドフロー」は、フローのトリガーになるサービスと、アクションを実行するサービスを手動で選択し、必要な情報を設定しながらクラウドフローを作成していきます。

Lesson1では、Formsで回答が行われたらフローが実行されるようにFormsのトリガーを設定し、次のサービス（Teams）にFormsのデータを渡すために「動的コンテンツ」を設定します。

「自動化したクラウドフロー」を作成する

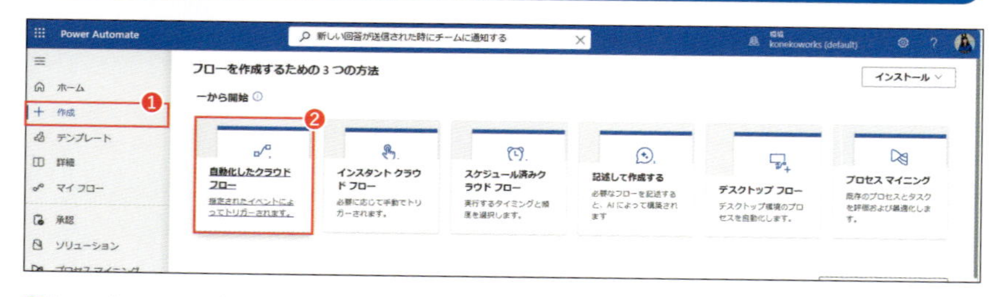

❶Power Automateを起動し、左側に表示されるメニューから[＋作成]をクリックします。
❷「自動化したクラウドフロー」をクリックします。

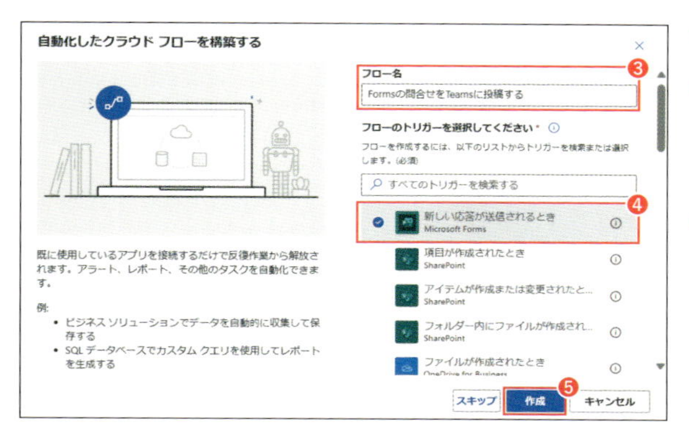

❸フロー名にフローの名前を入力します。
❹「フローのトリガーを選択してください」からMicrosoft Formsの[新しい応答が送信されるとき]トリガーをクリックします。
❺[作成]をクリックします。

「新しい応答が送信されるとき」トリガーを編集する

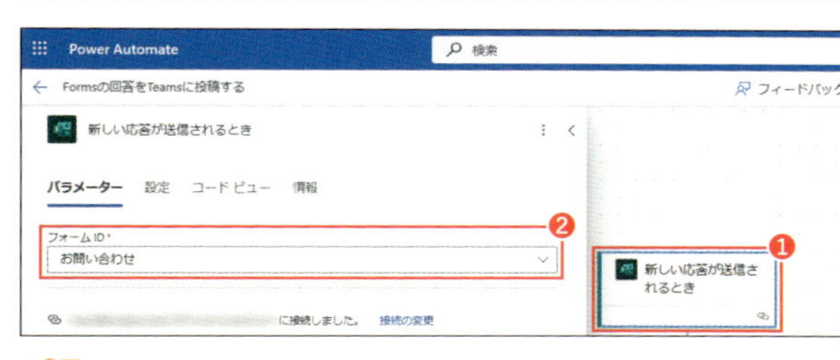

❶編集画面で、Microsoft Formsの「新しい応答が送信されるとき」トリガーをクリックし、パラメーターの設定画面を表示します。
❷フォームIDにフォーム名を指定します。実習の準備で作成したフォーム名「お問い合わせ」をリストから選択します。

メモ

Formsの「フォームID」は、Formsに作成されたどのフォームであるかを識別するためのものです。設定画面では、ヒトにわかりやすいようにフォーム名で設定しますが、「新しい応答が送信されるとき」トリガーの[コードビュー][8]タブをクリックすると、内部で利用されるユニークIDを確認できます。

❸[設定]タブをクリックします。
❹「分割」[9]に「オン」が、「配列」に「@triggerOutputs()?['body/value']」が設定されていない場合は、設定します。

8 [コードビュー]タブは、[Code view]などの表記になっている場合もあります。
9 「分割」は、「Split on」などの表記になっている場合もあります。

「応答の詳細を受け取る」アクションを追加する

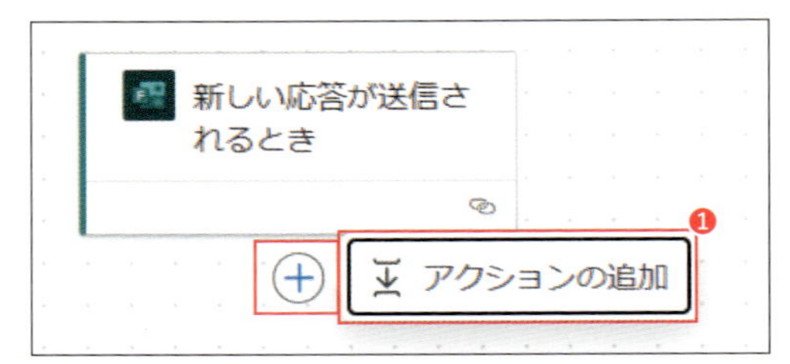

❶Formsの「新しい応答が送信されるとき」トリガーによって実行されるアクションを追加するため、[+]をクリックして[アクションの追加]をクリックします。

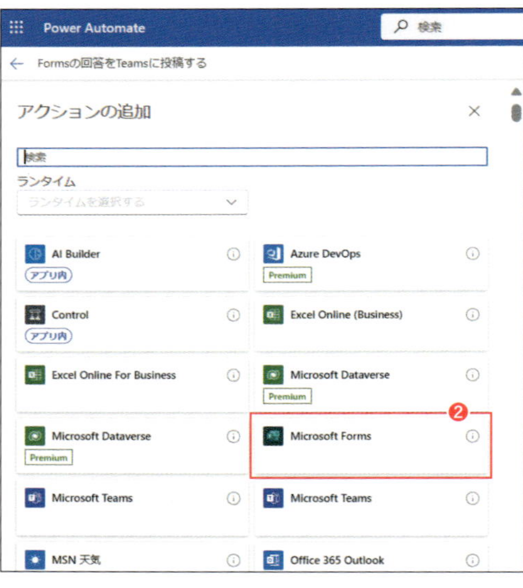

❷「アクションの追加」で[Microsoft Forms]を選択します。

❸[応答の詳細を取得する]をクリックします。

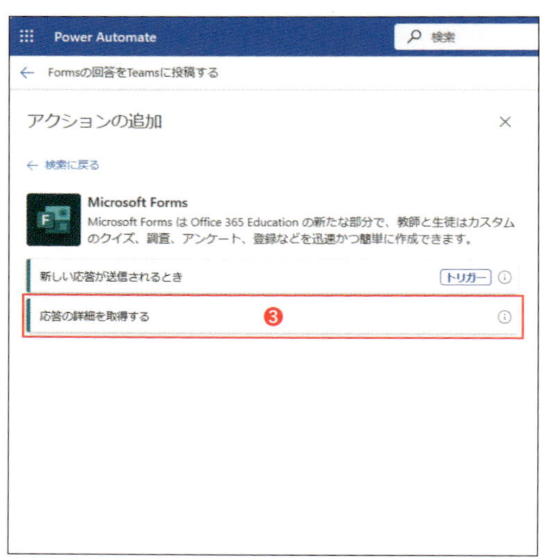

❹パラメーターの「フォームID」をクリックすると表示されるリストから、実習の準備で作成したフォーム名をクリックします。

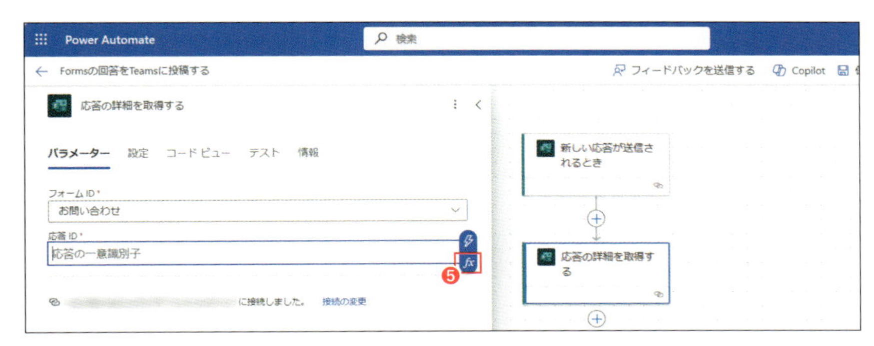

❺パラメーターの「応答ID」にカーソルを位置づけると表示される fx（式の挿入）をクリックします。

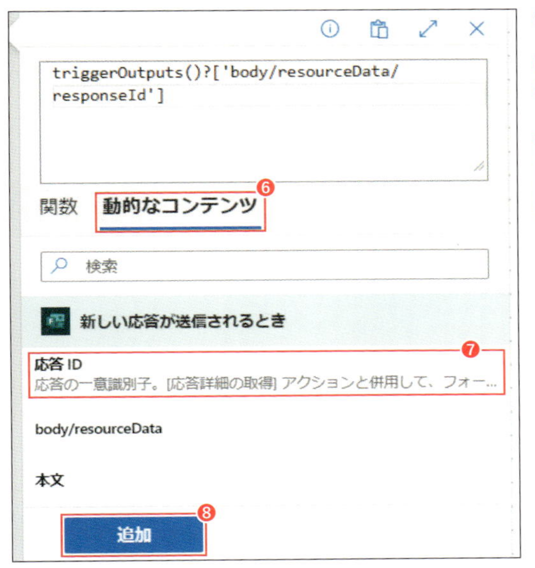

❻表示されたダイアログで[動的なコンテンツ]タブをクリックします。
❼「応答ID」を選択します。
❽[追加]をクリックします。

メモ

❺で、⚡をクリックすると表示される「応答ID」を選択することで、同じ設定を行うことが可能です。

❾パラメーターの「応答ID」に応答IDが設定されたことを確認します。

コラム

Formsの「応答ID」

❺～❾で設定した「応答ID」とは、指定したフォームの応答を一意に特定するIDのことです。Formsでは送信されたすべての回答にIDが付けられているので、応答IDを設定することで、すべての回答のIDを次のアクションで参照・利用できるようになっています。

つまり、**Formsの回答を以降のサービスで利用するためには、Formsコネクタの「応答の詳細を取得する」アクションの実行が必要です。**

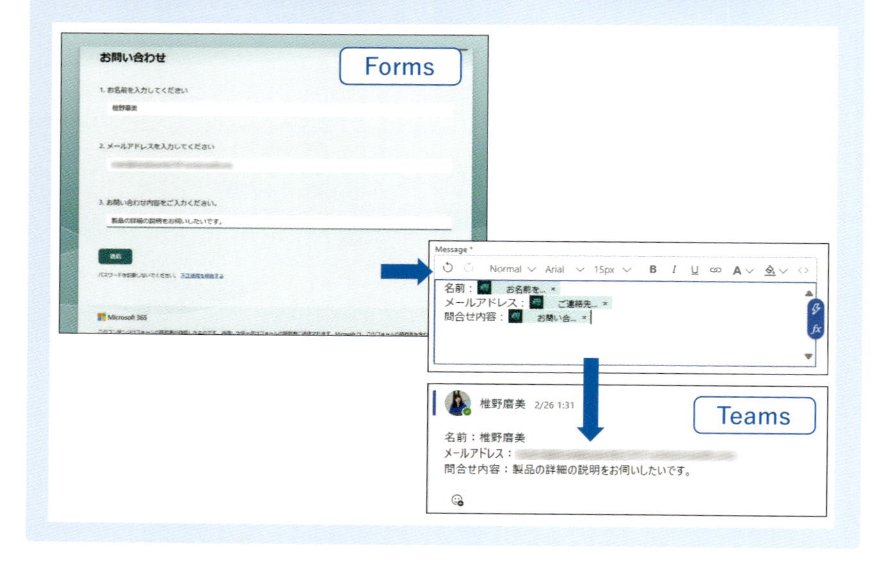

Lesson2 Teamsのアクションとパラメーターを設定する

Formsの「新しい応答が送信されるとき」トリガーによってFormsの「応答の詳細を取得する」アクションが実行された後の、取得した回答内容をTeamsのチャネルに投稿するアクションを追加します。

「チャットまたはチャネルメッセージを投稿する」アクションを追加する

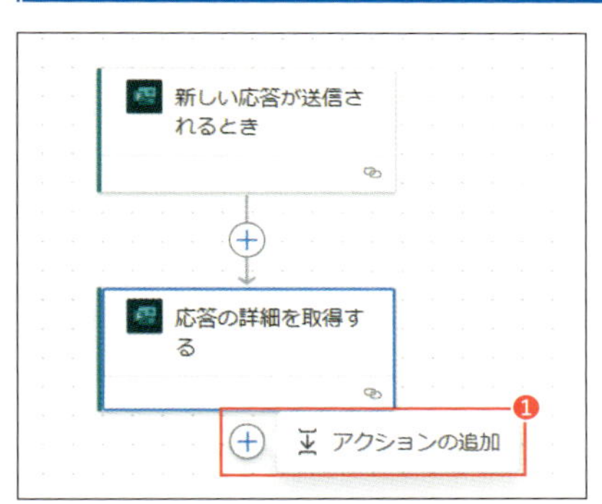

❶ Power Automateの編集画面で、「応答の詳細を取得する」アクションの後に、アクションを追加します。

❷「アクションの追加」で「Microsoft Teams」を選択します。

❸アクションとして「チャットまたはチャネルでメッセージを投稿する」をクリックします。

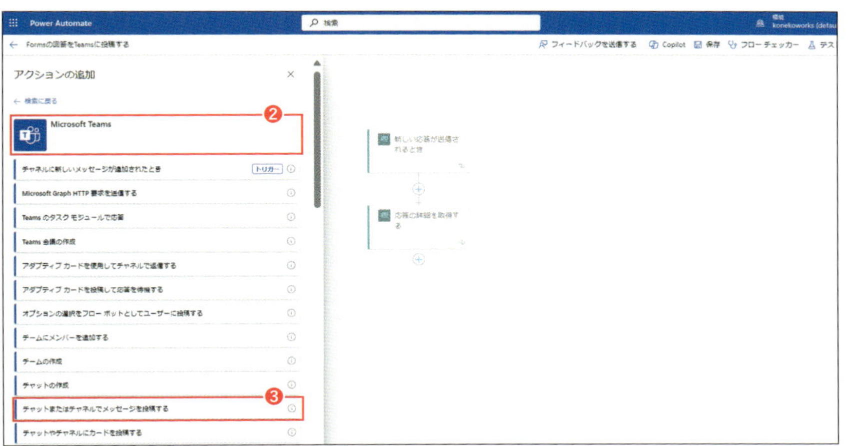

❹各パラメーターを表3-5のように設定します。

表3-5 設定するパラメーター

パラメーター	パラメーターの説明	今回設定する値
投稿者	「ユーザー」「フローボット」「Power Virtual Agents（プレビュー）」の3種類から選択する。「ユーザー」を選択すると、自分自身のアカウントでTeamsに投稿される	ユーザー
投稿先	「Channel」か「Group chat」のいずれかを通知の投稿先として選択する	Channel
Team	投稿先のチームを選択する	事前に作成した任意のチーム
Channel	投稿先のチャネルを選択する	事前に作成した任意のチャネル

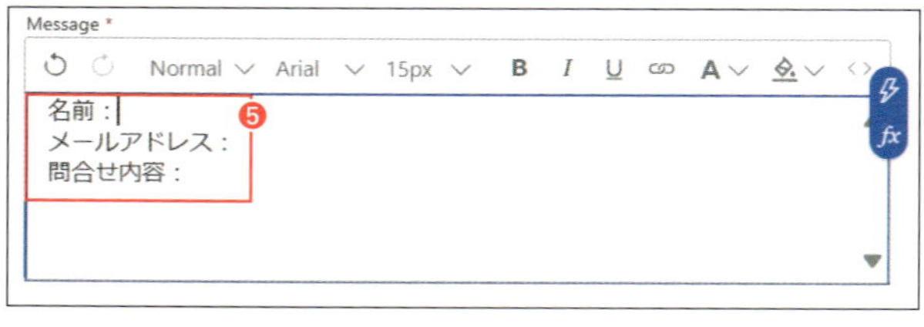

❺パラメーターのMessageに、左記の内容をタイトルとして入力します。

メモ

Messageは投稿内容を設定する欄です。次ページで解説するように、手入力した任意の文字列と動的コンテンツを組み合わせて投稿内容を作成できます。
実習1-1では、「フローを手動でトリガーする」トリガーの入力機能を利用して、動的に入力したデータを動的コンテンツとして利用しました(P.29❾〜P.30⓬参照)。
実習3-2では、Formsに入力したデータを動的コンテンツとして利用しています。
このようにPower Automateでは、動的コンテンツを利用して、入力データを処理に利用することができます。

動的コンテンツを設定する

各タイトルの後に動的コンテンツの値が表示されるように、動的コンテンツを設定します。

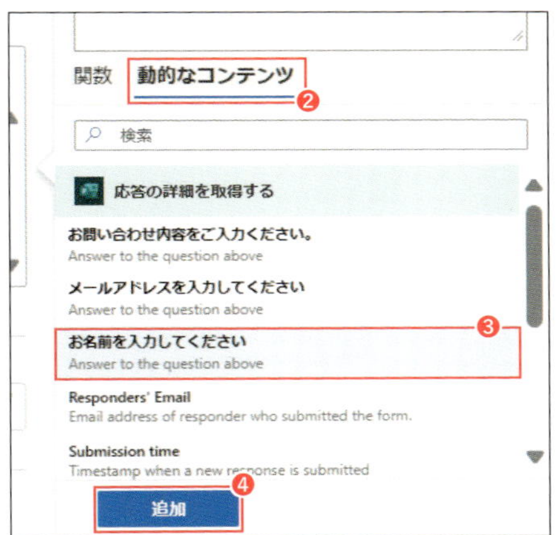

❶「名前：」の後にカーソルを位置づけ、[fx]（式の挿入）をクリックします

❷表示されたダイアログで、[動的なコンテンツ]タブをクリックします。

❸[お名前を入力してください]を選択します。

❹[追加]をクリックします。

❺「名前：」の後に、「お名前を入力してください」が動的コンテンツとして設定されます。

❻「❶～❺」と同様の方法で、以下のように動的コンテンツを設定します。

- 「メールアドレス：」の後に「メールアドレスを入力してください」
- 「問合せ内容：」の後に「お問い合わせ内容をご入力ください。」

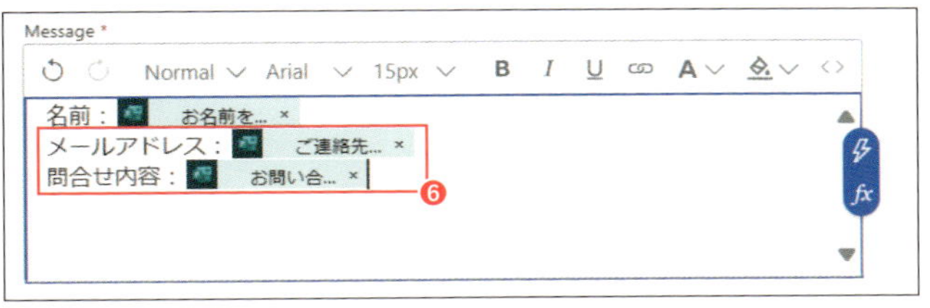

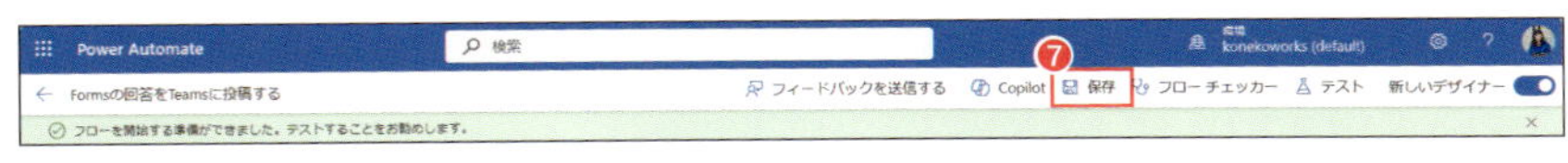

❼Power Automateの画面上部にある[保存]をクリックして、フローを保存します。

Lesson3 作成したフローをテストする

Lesson3では、作成したフローが意図どおり動作するかテストします。

Formsに回答を入力してテストする

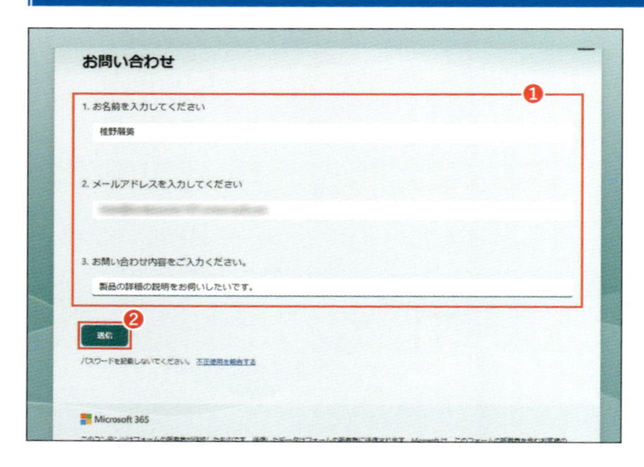

❶「お問い合わせ」フォームに、名前、メールアドレス、問い合わせ内容を入力します。
❷[送信]をクリックします。

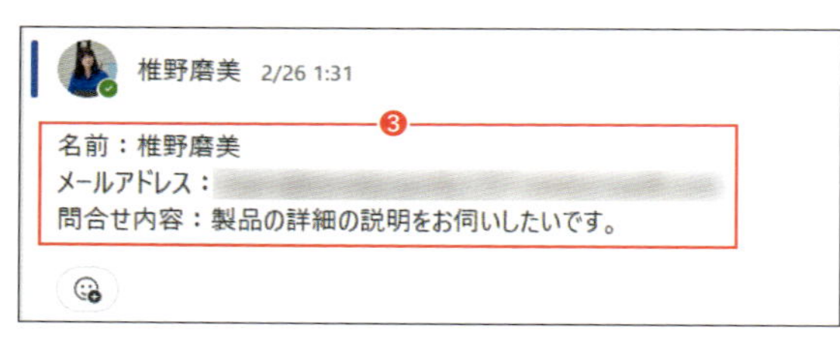

❸Formsで入力した回答内容がTeamsのチャネルに投稿されていることを確認します。

第4章

シゴトのためのシゴトを増やさない！
リマインドの自動化

第4章では、タスクの期日を判定し、自動でリマインドするフローを作成します。リマインドを自動化し、リマインドにかかる時間を削減することで、シゴトを依頼する側・される側ともに効率的に働けるようにします。
なお、第3章では実習ごとに「計画」「設計」を解説しましたが、第4章〜第6章では実習ごとの「計画」と「設計」を最初にまとめて紹介します。

本章の目標

- 個人とチームのシゴトの「タスク管理」方法を整理する
- 変数の使い方を理解する
- Plannerコネクタの「トリガー」「アクション」の使い方を理解する

リマインド自動化の「計画」と「設計」

- メールやチャットの返信が何日も返ってこない
- 依頼した作業がまったく進んでいない
- やっと対応してくれたと思ったら締め切り直前
- 全体の納期を守るために、深夜残業や徹夜

このような経験がある方もいらっしゃるのではないでしょうか。

シゴトはチームプレーなので、誰かの作業が予定通りに進まないと、全体がうまく回らなくなります。特に、自分が担当する前工程までのシゴトが遅延すると、予定していた自分の作業時間の変更が余儀なくされ、本来であれば不要なスケジュール調整や他のシゴトの再調整が発生します。ただでさえ時間が足りない状況において、調整タスクが増え、さらに作業時間を圧迫することになります。

このような状況が組織の至る所で繰り返されている場合、シゴトに影響が出るだけでなく、人間関係を悪化させる原因になっているかもしれません。

自動化の「計画」

予定通りにシゴトを進める上で、相手に失念していたことを思い出してもらったり、作業を促したりする**「リマインド」**は必要な作業です。しかし、**リマインドは、リマインドするヒトのシゴトも、リマインドを受け取るヒトのシゴトも増やすので、究極の理想は「リマインドゼロの世界」です。**なるべく「無駄なリマインド」を断捨離し、シゴトを依頼する側・される側ともに心地よく働けるようにしたいものです。

そこで、実習4-1では、タスクの期日を判定後、遅延しているタスクについてリマインドするフローを作成し、リマインドにかかる時間を削減します。

シゴトを「一連の流れ」として「見える化」する

リマインドの目的は、確認や催促によって、業務を計画通りに遂行することです。リマインドは、適時適切に送ることで意味を持つ作業ですが、手動でリマインドしていると、「他の業務に手一杯で適切なタイミングでリマインドできない」「相手に催促するのは気を遣うので、ついつい後回しになってリマインドできない、もしくはリマインドが遅くなってしまう」といったこともあるかもしれません。

ヒトが判断することなく、決められたルールに基づき、自動的にリマインドできれば、リマインドに必要な時間だけでなく、心理的な負担も軽減することができます。

リマインドの「一連の流れ」を「見える化」する際、「誰が」「いつ（どのタイミングで）」「誰に対して」「どのくらいの頻度」でリマインドしているかを可視化することで、業務フローのボトルネックや業務負荷がどこで発生しているかを見つけやすくなります。

図4-1 リマインドのワークフローの例

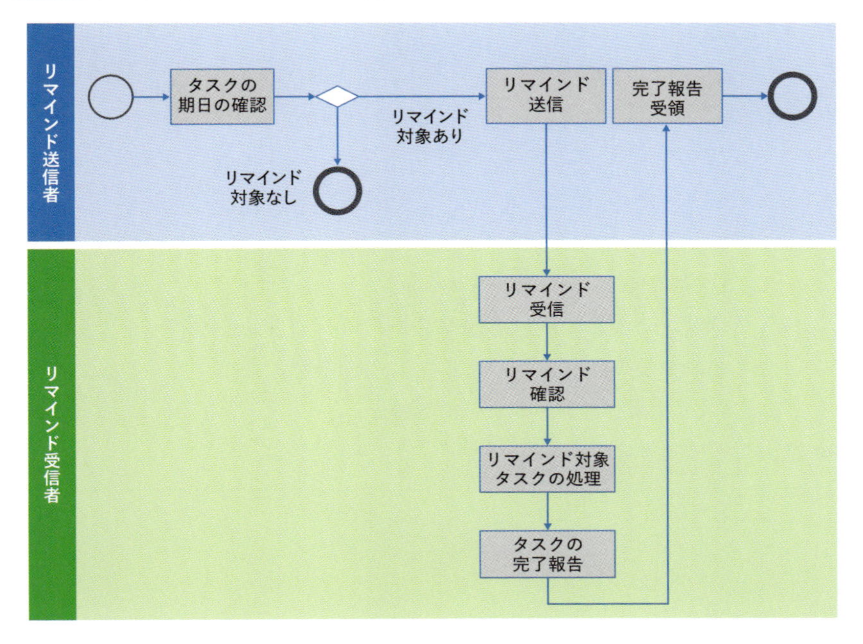

自動化したい業務を「文字化」する（自動化の効果を言葉で整理する）

リマインドの自動化を検討する際、最初に、タスク管理に使用しているツールや方法を確認する必要があります。それは、必ずしも専用のタスク管理ツールを使用しているとは限らないからです。

タスク管理の目的は、複数のシゴトが同時進行しているときに、タスクの取りこぼしが発生しないようにすることです。つまり、**目的が達成できるのであれば、どのようなツールや方法でも構わないのです。**

図4-2 Excelやスプレッドシートを使ったタスク管理

	A	B	C	D	E	F	G
1	依頼日	期限	依頼者	企業名	内容	データレポート作成の場合のみ：	対応状況
2	2023/12/27	2024/1/15	降矢	○○株式会社様	セミナー資料の作成		3.対応済
3	2024/02/02	2024/02/05	降矢	株式会社○○様	データ分析レポートの作成	2023/01/01以降のデータ	3.対応済
4	2024/03/13	2024/03/15	坂本	○○株式会社様	提案書の作成		3.対応済
5	2024/03/28	2024/04/02	坂本	○○株式会社様	提案書のレビュー		3.対応済
6	2024/04/16	2024/05/07	降矢	株式会社○○様	セミナー資料の作成		2.対応中
7	2024/07/18	2024/07/19	芳賀	株式会社○○様	データ分析レポートの作成	2023/05/01以降のデータ	2.対応中
8	2024/07/18	2024/08/30	降矢	○○株式会社様	データ分析レポートの作成	2023/04/01以降のデータ	1.依頼
9							
10							

さまざまなツールや方法でタスク管理を実現できるとはいえ、専用ツールの活用は効果的です。タスク管理ツールは、一からすべての入力をしなくても、「テンプレート」機能を利用してタスクの登録や修正にかかる時間を最小限に抑えることができます。

リマインドの自動化プロセスを検討する場合、以下の観点で整理するとよいでしょう。

- タスク管理に利用しているツールは何か
- タスク管理はいつまでか（定期的な業務orプロジェクト）
- いつ（どのタイミングで）リマインドするのか
- どのくらいの頻度でリマインドするのか
- 誰に対してリマインドするのか

実習4-1では、Plannerで管理しているタスクの期日を定期的に確認し、期日が過ぎているタスクのリマインドとして、自動的にTeamsの特定チャネルにリマインドメッセージが投稿されるようにします。

表4-1 「リマインドを自動化する」フローの言語化例

What（何を）	タスク管理のリマインドを自動化する
Why（なぜ）	チーム内のタスクを大量に管理する際、手動でリマインドする時間を削減するため
Who（誰が）	全社員
How to（どのように）	Plannerのタスク期日を判定、Teamsにリマインドをチャットする
How many（どれくらい）	（確認4分＋メール1件2分）×1日4回×管理者（10名）×実働20日＝月80時間の削減

自動化の「設計」

タスク管理ツールを他のツールと連携させると、タスク管理をより効率的かつスムーズに進行できるようになります。例えば、TeamsやSlackなどのチャットツールと連携させれば、タスクのリマインダーを直接チャットで受け取ることができます。また、OutlookやGoogleカレンダーなどのカレンダーツールと連携させれば、タスク管理ツールに登録したタスクをカレンダーに自動的に同期し、日々の予定と併せて確認できるようになります。

タスク管理ツールによっては、特定のチャットツールやカレンダーツールとの連携機能が実装されている場合もありますが、Power Automateを利用すると、より柔軟にさまざまなチャットツールやカレンダーツールと連携できます。

クラウドフローで自動化する範囲を決める

リマインドでできることは、相手が失念していたことを思い出させたり、相手の作業を促したりするところまでです。つまり、相手が気づきやすいタイミングで、適時適切に通知するまでが自動化の範囲になります。

図4-3 リマインドの自動化

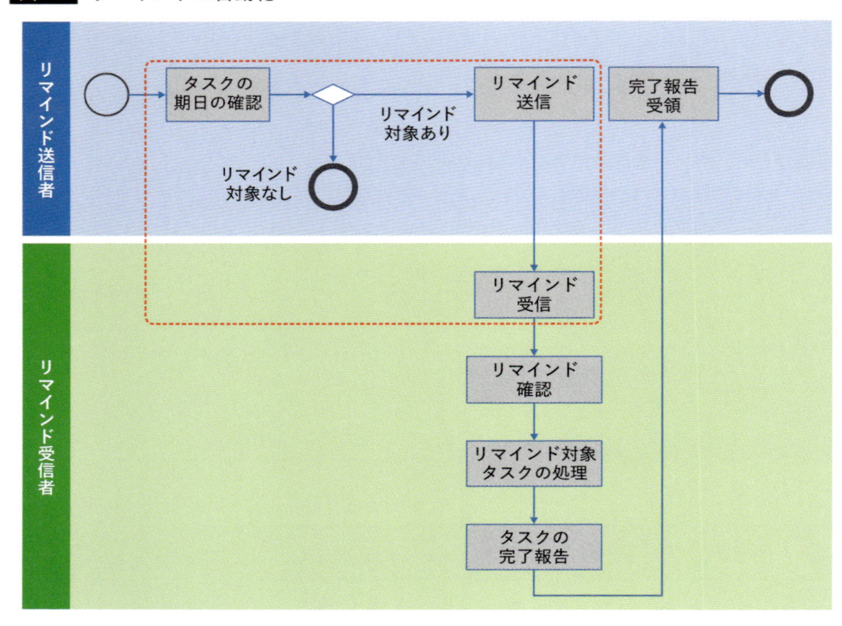

利用するサービスの組み合わせを決める

タスク管理は、さまざまなツールで実現できますが、今回はMicrosoft 365で提供されている「Planner」を利用します。

Microsoft 365には、Planner以外のタスク管理ツールとして、個人のタスク管理に最適化され「To Do」や、プロジェクトのタスク管理に最適化された「Project」があります[1]。

業務の「プロセス」と「データ」の関係性を明確化する

フローを作成する前に、各サービスが管理している情報（Plannerの場合はタスクの各項目）を確認します。その際、どの情報を後工程で利用するかを考え、その情報がサービスのコネクタによって取得できるかどうかも併せて確認をしておきましょう。

1 Project Onlineを利用するには、契約しているMicrosoft 365にProject を利用するための追加ライセンスが必要になります（2024年9月1日現在）。

図4-4 タスク期日を判定してリマインドする

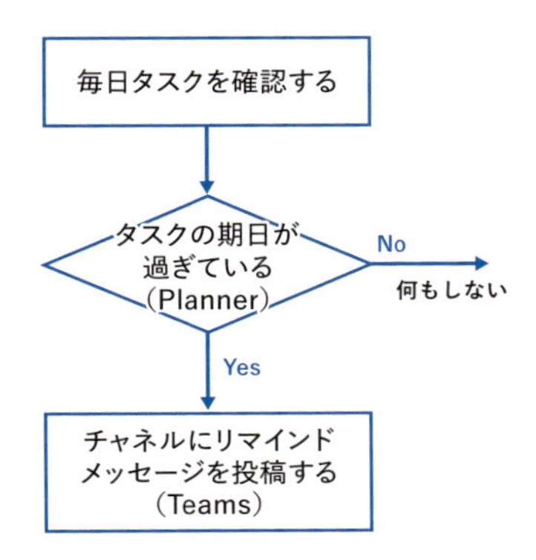

図4-5 Plannerのタスク

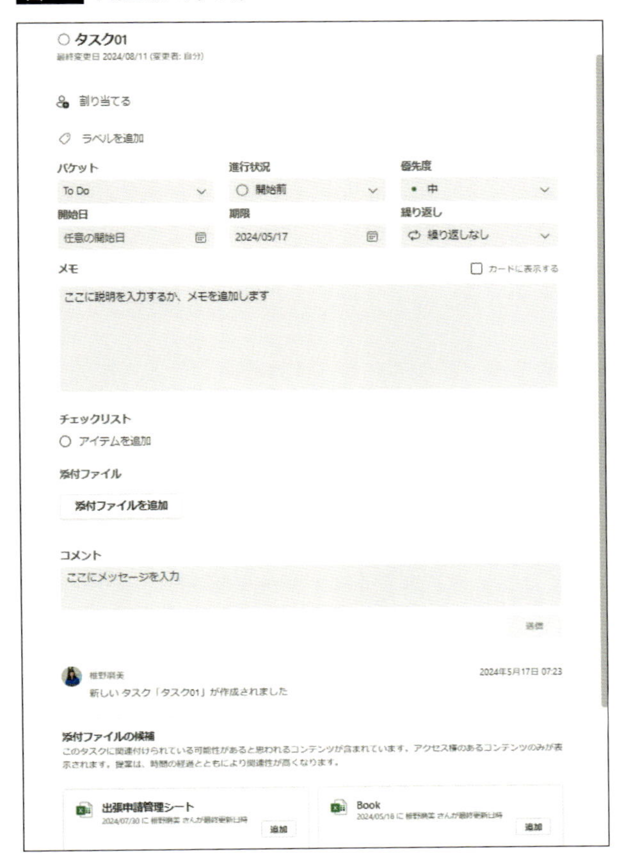

表4-2 タスク管理に関連するデータ（Plannerの場合）

タスク名	文字列	必須
担当者	文字列	任意
ラベル	文字列	任意
バケット	選択肢（バケット名）	必須
進行状況	選択肢（開始前／処理中／完了済み）	必須
優先度	選択肢（緊急／重要／中／低）	必須
開始日	日付	任意
期限	日付	必須
繰り返し	選択肢（繰り返しなし／毎日／平日／毎週 など）	必須
メモ	文字列	任意
チェックリスト	ラジオボタン	任意
カードに表示する	チェックボックス	任意
添付ファイル	ファイル形式	任意
コメント	文字列	任意

コラム

各サービスが提供する「トリガー」と「アクション」の確認

クラウドフローを設計する際、どのサービスを組み合わせるかを決めるために、各サービスが提供する「トリガー」や「アクション」を知りたいことがあります。その際、Power Automateのクラウドフローの作成方法のひとつである「コネクタから始める」（P.21参照）、またはメニューの「コネクタ」を利用して確認できます[2]。

まず、トリガーについては、サービスの「コネクタ」を選択すると、そのサービスが提供する「トリガー」が一覧で表示されます。例えば、Plannerの「トリガー」には、「タスク期日が過ぎたとき」トリガーが存在しない[3]ことから、タスク期日を確認するためには、別のトリガーが必要であることがわかります。

2 メニューに［コネクタ］が表示されていない場合、［…詳細］をクリックすると表示される詳細メニューで［すべて見る］ボタンをクリックします。画面右側に「Power Automateのすべての機能について詳しく見る」が表示されるので、「データ」カテゴリ内の「コネクタ」のピンのアイコンをクリックします。ピン留めすることでメニューに常時表示することができます。

3 2024年9月1日現在は存在しませんが、サービスの機能追加などで将来的に追加される可能性もあります。

図4-6 Plannerの「トリガー」一覧

　また、「アクション」を確認したいときには、任意のトリガーを追加した後、[アクションの追加] をクリックしてサービスを選択すると、「アクションの追加」一覧が表示されます。この画面で、フローで自動化したい処理が提供されているかどうかを確認できます。Power Automate は [保存] ボタンをクリックするまで保存されないので、確認のために作成したフローは簡単に破棄できます。

図4-7 Plannerの「アクション」一覧

実習 4-1

タスクの期日を判定し、リマインドする

実習の準備

今回のフローのトリガーは、「Plannerのタスクが納期遅延を起こしているとき」であり、アクションは「Teamsの特定チャネルにリマインドメッセージを通知する」となります。

そのため、Power Automateでクラウドフローを作成する前に、Plannerでタスクを作成しておく必要があります。また、リマインド通知を投稿するTeamsのチャネルも準備しましょう。

ここでは、フローのトリガーとなるPlannerのタスクを作成していきます。アクションの投稿先であるTeamsのチームとチャネルは、1章の実習で用意したものを利用します（P.18参照）。

Plannerのタスクを作成する

❶Plannerを起動し、[＋新しいプラン]をクリックします。

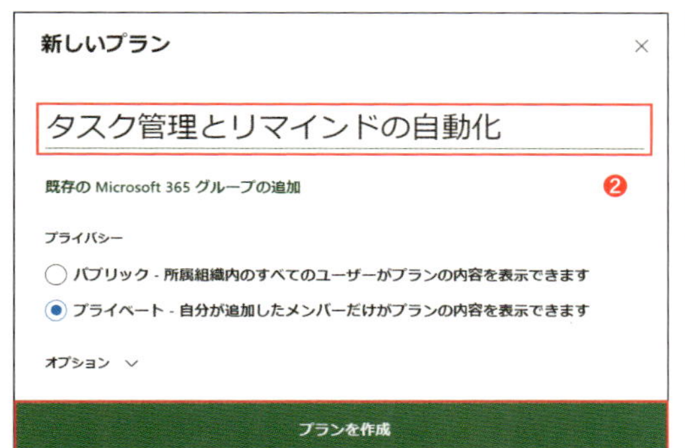

❷新しいプランの名前(例:タスク管理とリマインドの自動化)を入力して、[プランを作成]をクリックします。

メモ

「プライバシー」の設定では、作成したプランの内容を誰が閲覧できるかを指定します。ここでは、既定の「プライベート」を使用します。

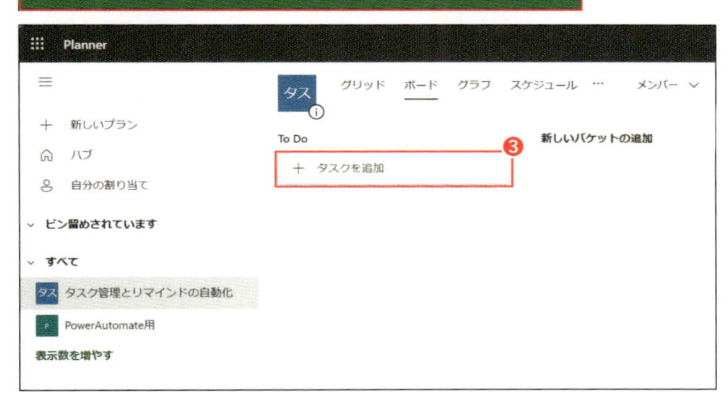

❸[+タスクを追加]をクリックして、作成したプランにタスクを追加します。

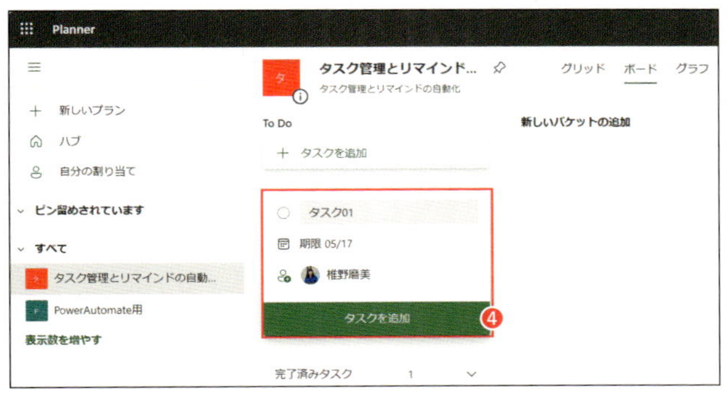

❹「タスク名」(例:タスク01)、「期限の設定」(今日の日付)、「割り当てる」(自分のMicrosoft 365アカウント)を設定し、[タスクを追加]をクリックします。

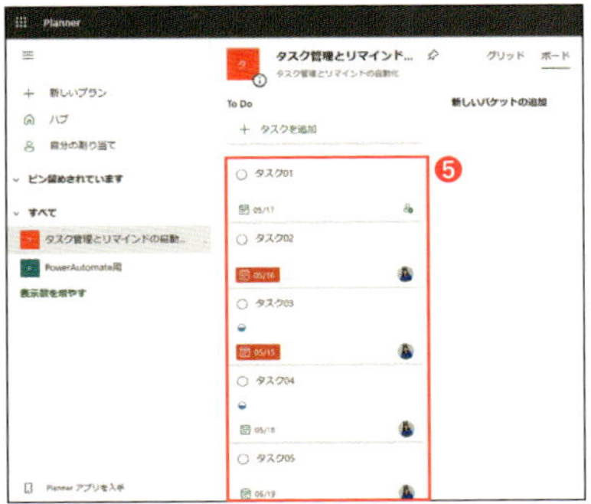

❺ ❸～❹を繰り返し、次ページの表4-3の情報をもとに複数のタスクを追加します。

表4-3 Plannerのタスク情報

タスク名	期限	割り当てる担当者
タスク 02	前日 (例：5/16)	自分の Microsoft 365 アカウント
タスク 03	前々日(例：5/15)	自分の Microsoft 365 アカウント
タスク 04	明日 (例：5/18)	自分の Microsoft 365 アカウント
タスク 05	明後日(例：5/19)	自分の Microsoft 365 アカウント

Lesson1 定期的に実行されるクラウドフローを作成する

最初に、「スケジュール済みクラウドフロー」を利用し、定期的に自動実行されるフローを作成します。今回作成するフローは、1日1回自動実行され、Plannerにリマインド対象のタスクが存在した場合、Teamsにリマインドメッセージを投稿するフローになります。

「スケジュール済みクラウドフロー」を作成する

❶Power Automateを開き、[＋作成]をクリックします。
❷「一から開始」の[スケジュール済みクラウドフロー]を選択します。

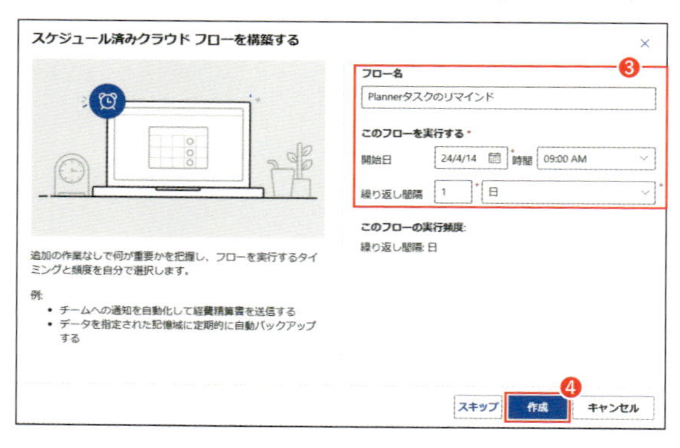

❸「フロー名」、フローを実行する「開始日」と「繰り返し間隔」を、次ページの表4-4のように設定します。
❹[作成]をクリックします。

表4-4 「スケジュール済みクラウドフロー」の設定

フロー名	開始日と時間	繰り返し間隔
Planner タスクのリマインド	開始日（例：24/4/14） 時間（例：09：00AM）	1日

Lesson2 クラウドフローで「変数」を利用する

2章の「変数」で説明したように（P.41参照）、「トリガー」や「アクション」に必要なデータは、「パラメーター」や「動的コンテンツ」を利用して指定するのが基本です。しかし、「変数」として定義した方がデータの意味がわかりやすくなったり、値の変更がしやすくなったりする場合は、「変数」を使うことをオススメしています。

そこでLesson2では、クラウドフローで「変数」を利用していきます。

「変数」を初期化する

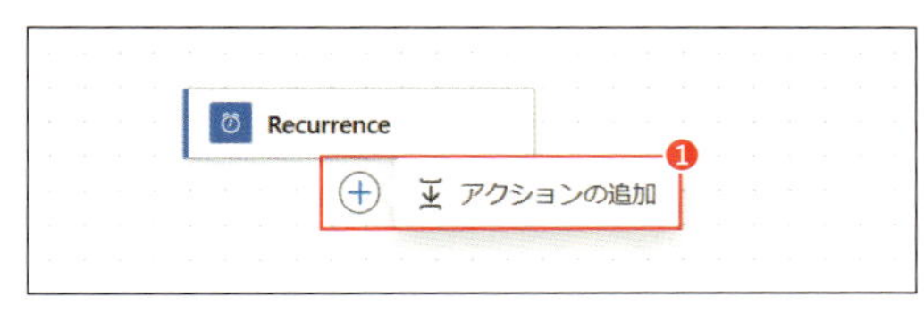

❶[＋]をクリックし、[アクションの追加]をクリックします。

❷「アクションの追加」の検索ボックスで「変数」と入力した後、変数セクションの[さらに表示]をクリックします。

メモ

検索で「変数」が表示されない場合は、ランタイムで「組み込み」を選択し、「変数（またはVariable）」を選択します。

❸[変数を初期化する]をクリックします。

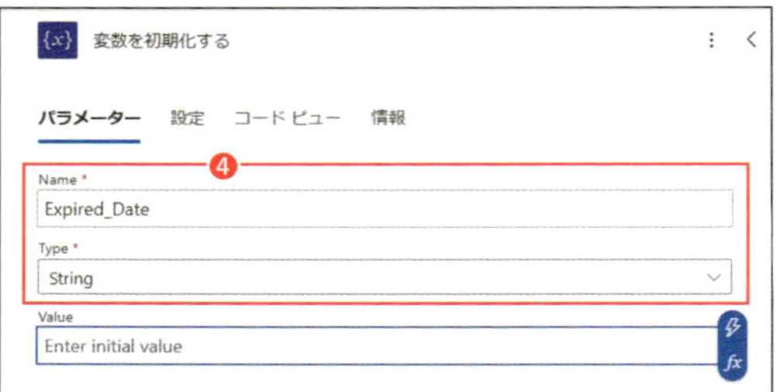

❹「Name」に変数名として、「Expired_Date」と入力し、「Type」から「String」を選択します。
❺[保存]をクリックし、ここまでの作業を保存します。

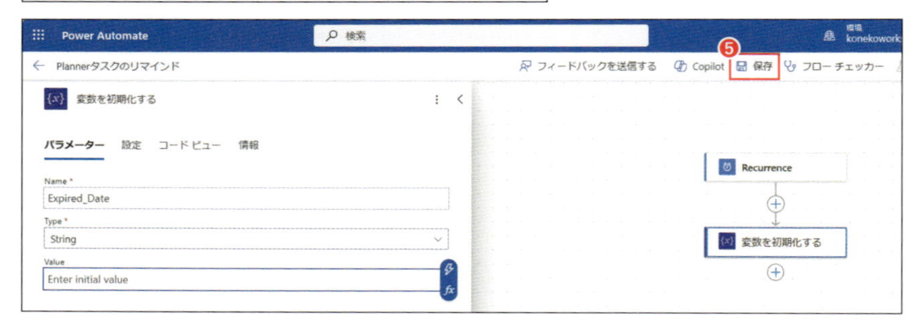

Lesson3 Plannerのタスク一覧を表示する

Plannerは、「プラン」―「バケット」―「タスク」の階層構造でタスクを管理しています。「プラン」には、複数のタスクが登録されているので、各タスクの状態を把握するには、プラン内の全タスク情報を確認する必要があります。

そのためには、Plannerの「タスクを一覧表示します」アクションを追加します。

Plannerの「タスクを一覧表示します」アクションを追加する

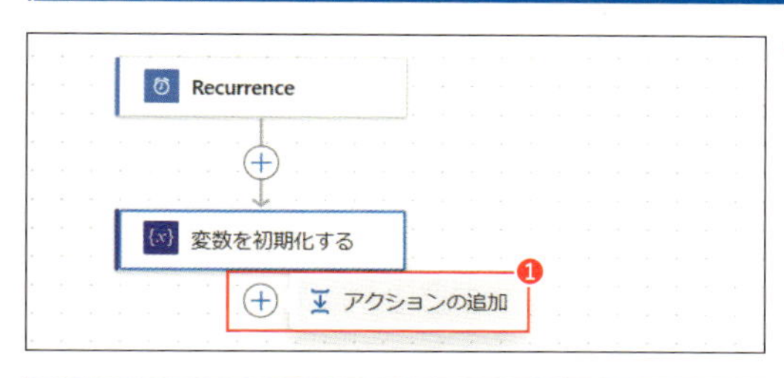

❶[＋]をクリックし、[アクションの追加]をクリックします。

❷「Planner」を選択します。

❸Plannerのアクションから[タスクを一覧表示します]をクリックします。

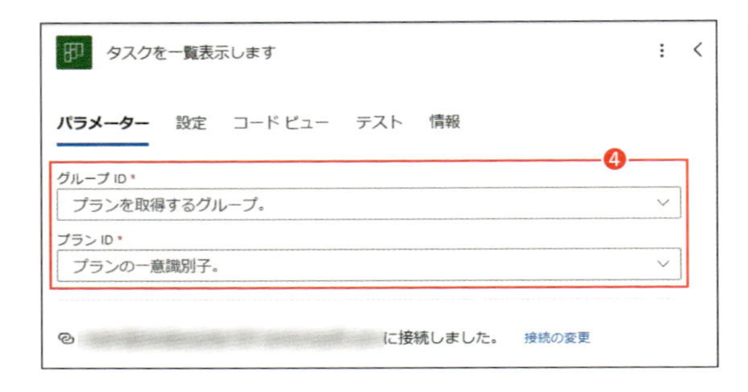

❹「タスクを一覧表示します」アクションのパラメーターとして、「グループID」と「プランID」を表4-5のように設定します。

表4-5 「タスクを一覧表示します」アクションのパラメーター

パラメーター	値	説明
グループ ID	タスク管理とリマインドの自動化	Planner で作成したプランを管理する Microsoft 365 グループを選択
プラン ID	タスク管理とリマインドの自動化	リマインド対象の Planner のプランを選択

Lesson4 タスク作成者のユーザー情報を取得する

Lesson3で作成した「タスクを一覧表示します」アクションの後にアクションを追加すると、そのアクションが自動的に「For each」でくくられます(P.114の❼参照)。これは、受け渡されたデータが存在する間はアクションを繰り返し実行する「反復処理」で、2章で紹介した「Apply to each」(P.50参照)とまったく同じ処理です。

今回作成するフローでは、以下の①～⑤の処理を繰り返し行うことで、すべてのタスクに対してリマインドの判定・投稿を行います。

①タスク作成者のユーザー情報を取得する
②タスク期限を取得し、変数に格納する
③日時データをタイムゾーンに合わせて変換する
④タスク期限と現在日時を比較する
⑤タスク期限を過ぎている場合は、リマインドメッセージを投稿する

そこでまずは、①に対応する「ユーザープロフィールの取得（V2）」を追加しましょう。これは、リマインドメッセージにユーザー情報を表示するために必要なアクションです。

「ユーザープロフィールの取得(V2)」アクションを追加する

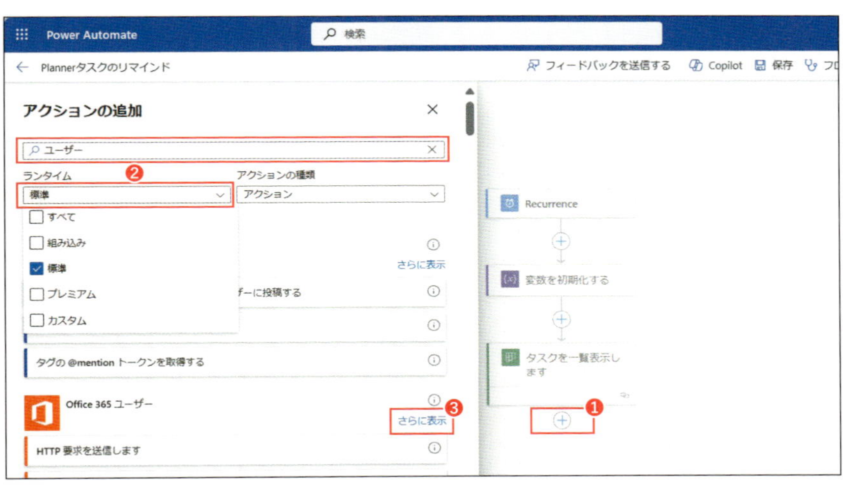

❶[+]をクリックし、[アクションの追加]をクリックします。
❷アクションの追加の検索ボックスで「ユーザー」と入力し、「ランタイム」で[標準]を選択します。
❸「Office 365ユーザー」が表示されたら、[さらに表示]をクリックします。
❹[ユーザープロフィールの取得(V2)]をクリックします。

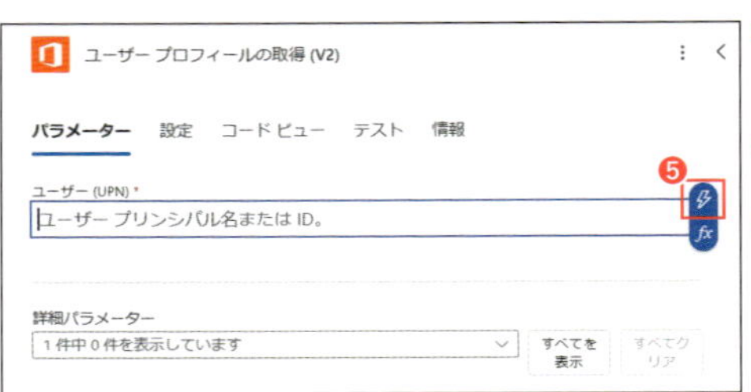

❺パラメーターの「ユーザー(UPN)」にカーソルを位置づけると表示される（「前の手順のデータを入力します。」）をクリックします。
❻表示されたダイアログで、[値 作成者 ユーザーID]をクリックします。
❼「For each」でくくられた形でアクションが追加されます。

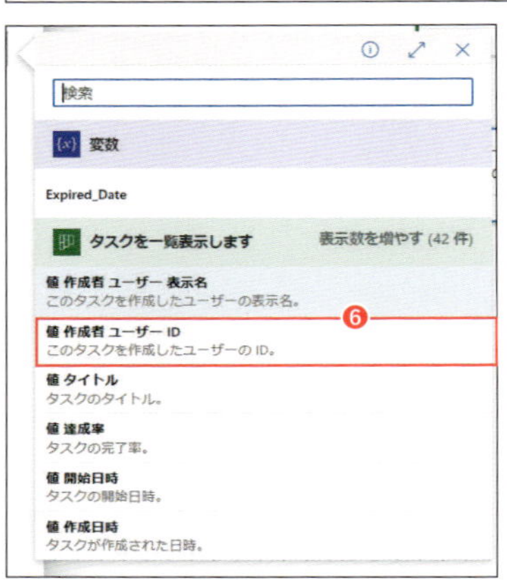

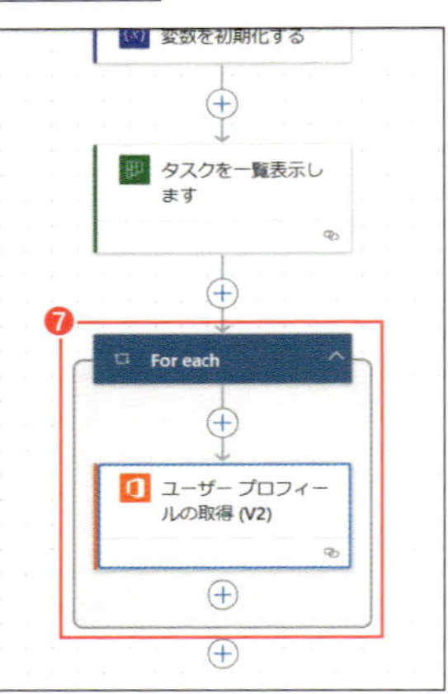

Lesson5 タスク期限を取得し、変数に格納する

続いて、タスク期限が過ぎているかどうかを判定するため、タスク期限を取得してLesson2で作成した変数に格納するアクションを追加します。

「変数の設定」アクションを追加する

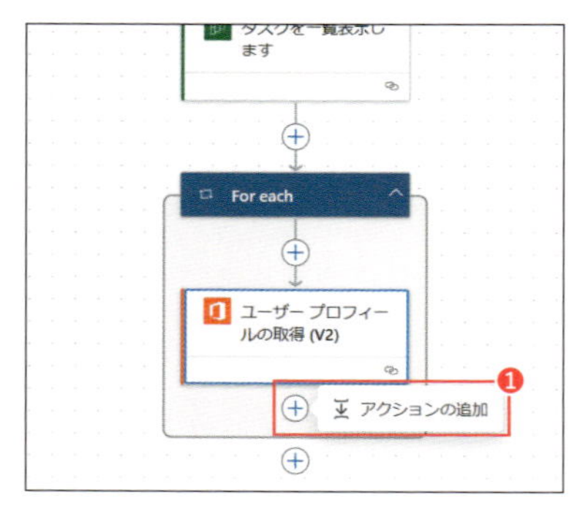

❶[+]をクリックして、「ユーザープロフィールの取得(V2)」の次にアクションを追加します。

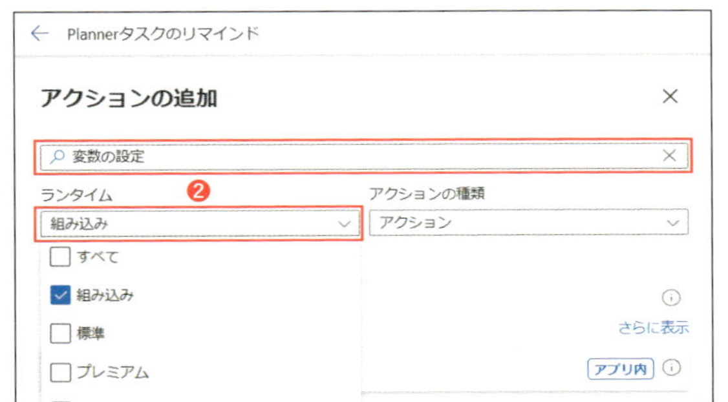

❷「アクションの追加」の検索ボックスで「変数の設定」と入力した後、「ランタイム」で[組み込み]をクリックします。

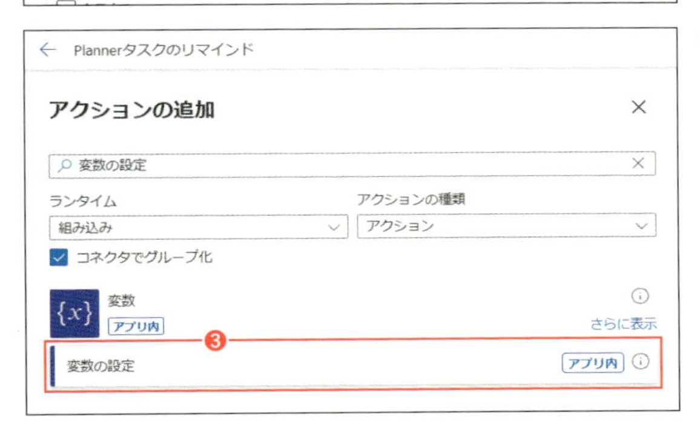

❸「変数」セクションに表示されている[変数の設定]をクリックします。

❹パラメーターの「Name」の空欄をクリックすると、Lesson2で作成した変数名(例:Expired_Date)が表示されるので、変数名を指定します。

❺パラメーターの「Value」にカーソルを位置づけると表示される⚡(「前の手順のデータを入力します。」)をクリックします。

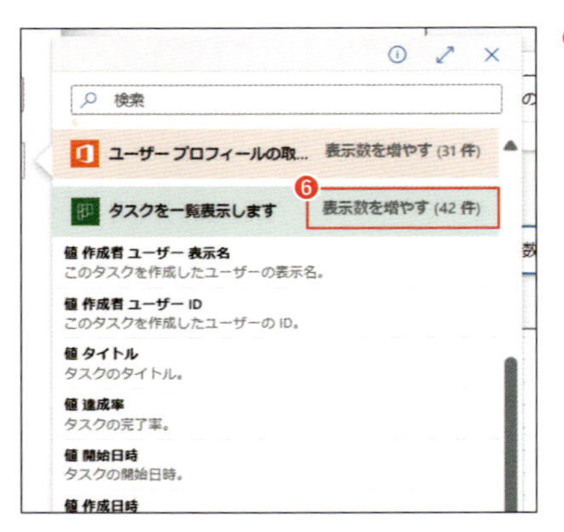

❻「タスクを一覧表示します」の[表示数を増やす][4]をクリックします。

❼「タスクを一覧表示します」の一覧から、[値 期限日時]をクリックします。

Lesson6 日時データをタイムゾーンに合わせて変換する

日時データは、日時書式の国際規格（ISO8601）で扱われます。国や地域のタイムゾーンに合わせて表示するためには、日時データをタイムゾーンに合わせて変換する必要があります。

この処理は、取得したタスク期限の日時と、比較対象である現在の日時の両方について行う必要がある点に注意しましょう。

4 ［表示を増やす］は、［See more］などの表記になっていることもあります。

「タイムゾーンの変換」アクションを追加する（タスク期限日時の変換）

まず、取得したタスク期限日時の変換を行うアクションを追加します。

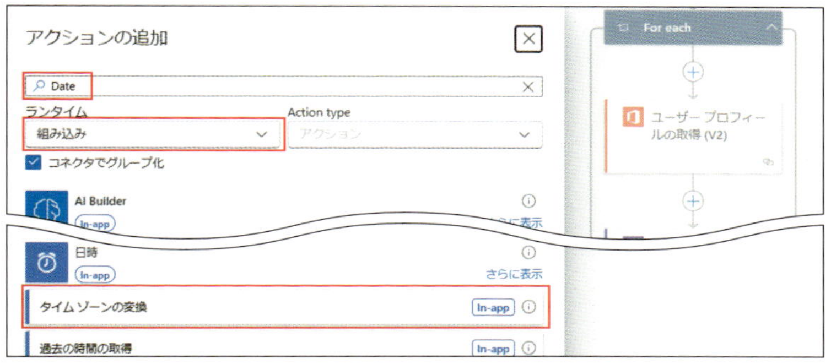

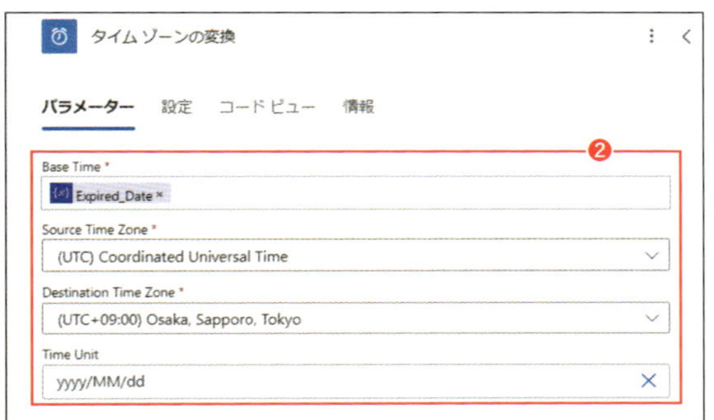

❶[＋]をクリックして、「変数の設定」の次にアクションを追加します（画像省略）。「アクションの追加」の検索ボックスに「Date」と入力し、ランタイムで「組み込み」を選択します。「日時」が表示されたら、[タイムゾーンの変換]をクリックします[5]。

❷「タイムゾーンの変換」アクションのパラメーターを、表4-6のように設定します。

表4-6 「タイムゾーンの変換」アクションのパラメーター（タスク期限日時の変換）

パラメーター	値	説明
Base Time	変数 Expired_Date	カーソルを位置づけると表示される（「前の手順のデータを入力します。」）をクリックし、変数 Expired_Date を設定する
Source Time Zone	(UTC) Coordinated Universal Time	既定値を利用する
Destination Time Zone	(UTC+09:00) Osaka, Sapporo, Tokyo	日本のタイムゾーンを指定する
Time Unit	yyyy/MM/dd	「カスタム値の入力」を選び、「yyyy/MM/dd」を入力する

「現在の時刻」アクションを追加する

期限日時（納期）と比較するために、現在日時の取得を行うアクションを追加します。

5　検索ボックスで検索文字列を入力しても、目的のコネクタが検出されないことがあります（2024年9月22日現在、検索ボックスで「日時」と検索しても、「日時」が表示されなくなりました）。このような場合は、英語で検索したり、ランタイムを絞り込んだりしてみましょう。

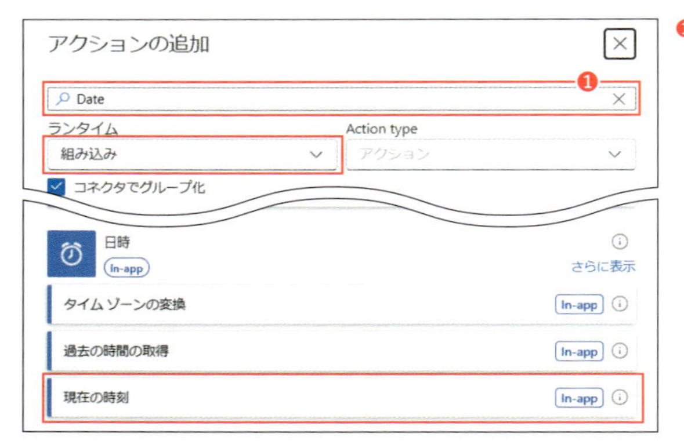

❶[＋]をクリックして、「タイムゾーンの変換」の次にアクションを追加します(画像省略)。「アクションの追加」の検索ボックスに「Date」と入力し、ランタイムで「組み込み」を選択します。「日時」が表示されたら、[現在の時刻]をクリックします。

「タイムゾーンの変換1」アクションを追加する(現在日時の変換)

続いて、現在時刻の変換を行う「タイムゾーンの変換1」アクションを追加します。前ページの❶と同じ手順でアクションを作成し、以下のパラメーターを設定してください。

表4-7 「タイムゾーンの変換1」アクションのパラメーター(現在日時の変換)

パラメーター	値	説明
Base Time	現在の時刻 Current time	カーソルを位置づけると表示される(「前の手順のデータを入力します。」)をクリックし、現在の時刻 Current time を設定する
Source Time Zone	(UTC) Coordinated Universal Time	既定値を利用する
Destination Time Zone	(UTC+09:00) Osaka, Sapporo, Tokyo	日本のタイムゾーンを指定する
Time Unit	yyyy/MM/dd	「カスタム値の入力」を選び、「yyyy/MM/dd」を入力する

Lesson7 タスク期限と現在日時を比較する

リマインドメッセージは、タスクの「達成率」が100%未満、かつ、「期限」が過去日付のタスクに対して送信する必要あります。そのため、この2つの条件を満たすかどうか、分岐処理（P.48参照）を使って条件判定する処理を追加します。

「条件」アクションを追加する

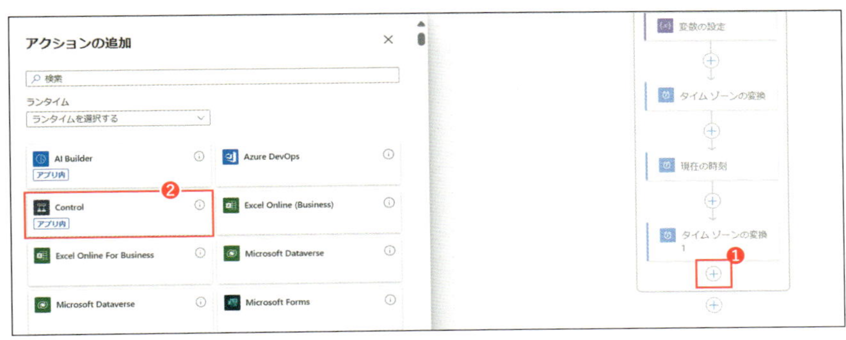

❶[＋]をクリックして、「タイムゾーンの変換1」の次にアクションを追加します。
❷「アクションの追加」で[Control]をクリックします。

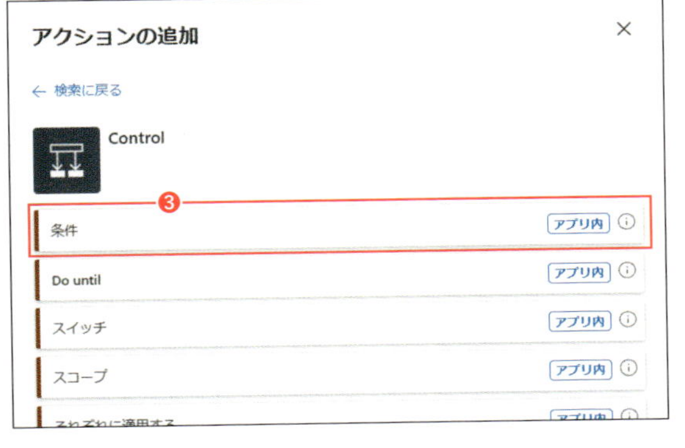

❸[条件]をクリックします。

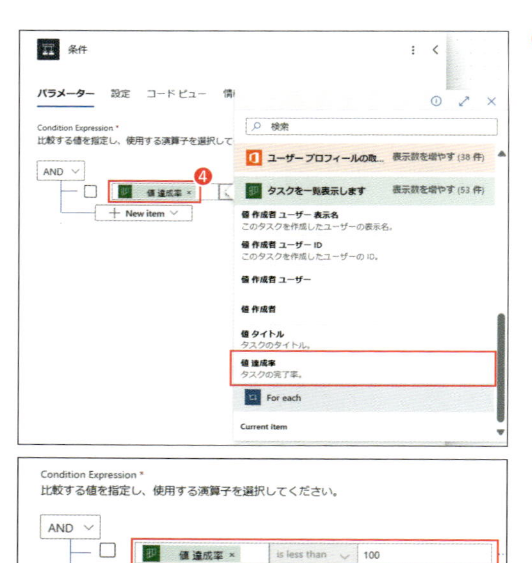

❹「条件」アクションのパラメーターを、表4-8のように設定します。これで、「タスクの達成率が100%未満」であるという1つ目の条件が設定されたことになります。

表4-8 1つ目の行のパラメーター(タスクの達成率が100%未満)

パラメーター	値	説明
1つ目のボックス	値 達成率	Plannerの「タスクを一覧表示します」アクションの「値 達成率」動的コンテンツを設定し、タスクの達成率を取り出す
2つ目のボックス	is less than	1つ目のボックスの値が、3つ目のボックスの値未満であることを示す条件式。達成率が100未満のタスクを検出するための条件になる
3つ目のボックス	100	達成率が100に達成していないタスクを対象にするため、100と入力する

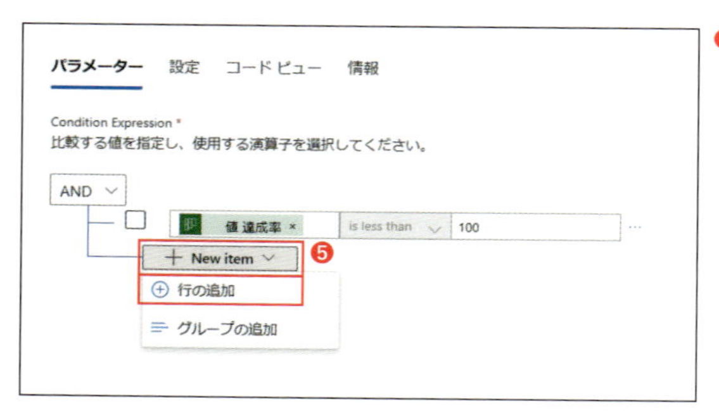

❺[＋New item]をクリックして、[＋行の追加][6]をクリックし、条件設定を追加します。

6 [＋行の追加] は、[Add row] などの表記になっている場合もあります。

❻追加した条件のパラメーターを表4-9のように設定します。これで、「タスクの期限日時が現在の日時未満」である（タスクの期限が過ぎている）という条件が設定されたことになります。［保存］をクリックし、ここまでの作業を保存します（画像省略）。

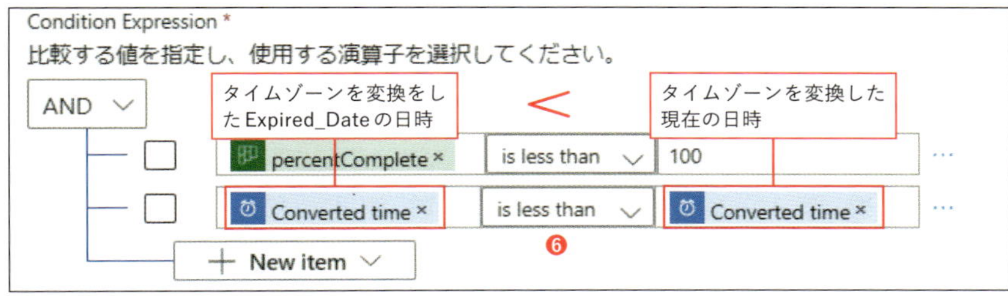

表4-9 2つ目の行のパラメーター（タスクの期限日時が現在の日時未満）

パラメーター	値	説明
1つ目のボックス	タイムゾーンの変換	（タイムゾーンを変換した）プラン内のタスクの期限日時
2つ目のボックス	is less than	1つ目のボックスの値が、3つ目のボックスの値未満であることを示す条件式。タスクの期限日時が、現在の日時未満（時間的に過去）であることを判定する条件になる
3つ目のボックス	タイムゾーンの変換 1	（タイムゾーンを変換した）現在の日時

Lesson8 リマインドメッセージを投稿する

ここまでで「期限日が過ぎていて、かつ達成率が100%未満の場合」という判定条件を設定することができました。この条件がTrueのときにリマインドメッセージをTeamsに投稿するアクションを、下の図のように追加することでフローは完成です。

図4-8 条件判定による処理

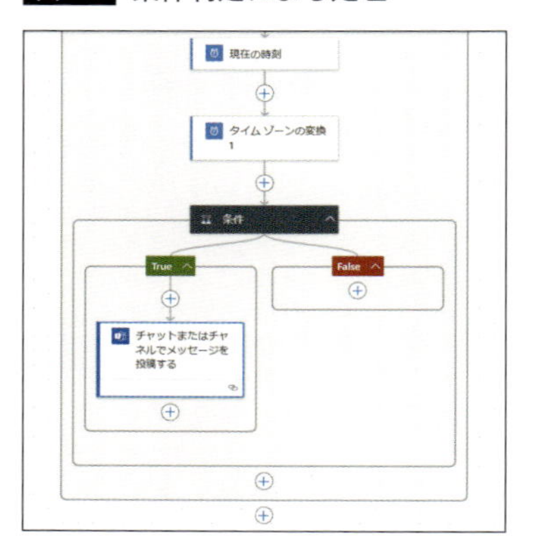

「チャットまたはチャネルでメッセージを投稿する」アクションを追加する

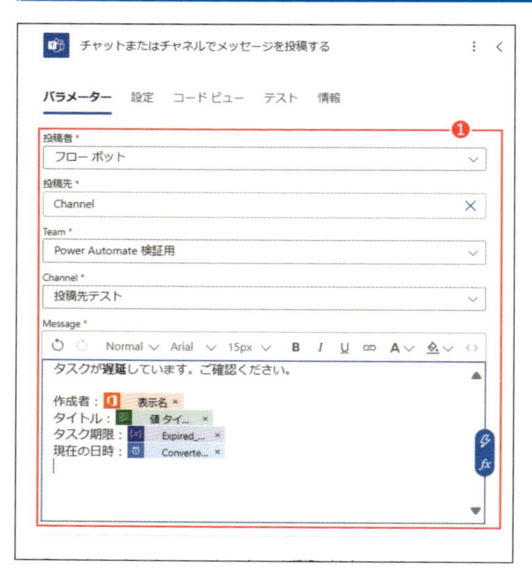

❶[＋]をクリックして、「True」内にTeamsの「チャットまたはチャネルでメッセージを投稿する」アクションを追加します（画像省略）。次ページの表4-10のようにパラメーターを設定し、[保存]をクリックしてフローを保存します（画像省略）。

表4-10「チャットまたはチャネルでメッセージを投稿する」アクションのパラメーター

パラメーター	設定する内容
投稿者	フローボット
投稿先	Channel
Team	(Teams で投稿可能なチーム)
Channel	(Teams で投稿可能なチャネル)
Message	タスクが遅延しています。ご確認ください 作成者　　：(「ユーザープロフィールを取得（V2)」の動的コンテンツから「表示名」を選択) タイトル　：(「タスクを一覧表示します」)の動的コンテンツから「値 タイトル」を選択) タスク期限：(変数の「Expired_Date」を選択)[7] 現在の日時：(「タイムゾーンの変換 1」の 現在日時の「Converted time」を選択)

Lesson9 作成したフローをテストする

最後に、[テスト] をクリックして、手動でテストを実行してみましょう(P.25参照)。投稿先であるTeamsのチャネルを開き、期限切れのタスクのみが投稿メッセージとして表示されていることを確認します。

図4-9 Teamsの投稿結果

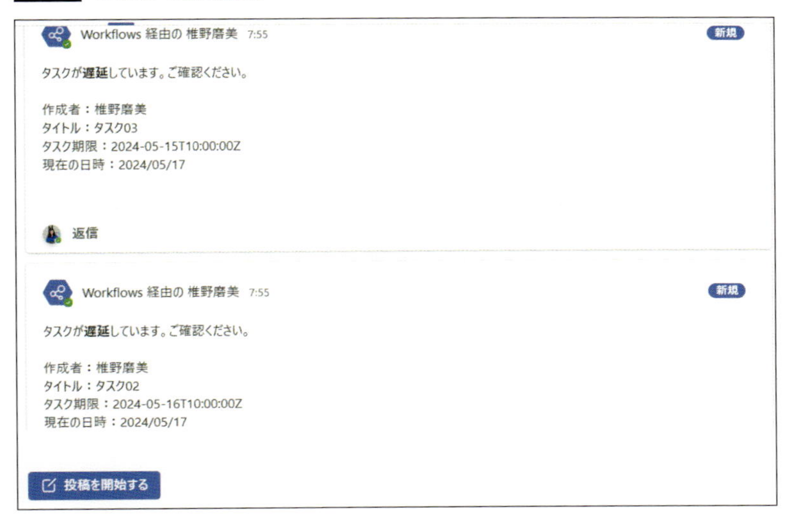

7 ここでは変数の値を利用していますが、書式を整えた期限日時を表示する場合は、「タイムゾーンの変換」の「Converted time」を使用します。

作成したフローを管理するポイント

ここまでの実習でいくつかのフローを作成してきました。これらを効果的に使うには、作成済みフローの再利用や定期的な整理を行うための方法について知っておくことも大切です。

この節では、「マイフロー」を利用した作成済みフローの管理方法と、そのポイントについて紹介します。

「マイフロー」でのフローの管理

「マイフロー」には、これまで作成してきたフローの一覧が表示されます。作成したフローの編集や実行、フローの実行履歴の確認、フローの詳細情報の表示などを行うことができます。

作成したフローを一覧表示する

❶ Power Automateの画面左側に表示されるメニューから、[マイフロー]をクリックします。

❷作成済みのフローが表示されます。

フローの実行履歴を確認する

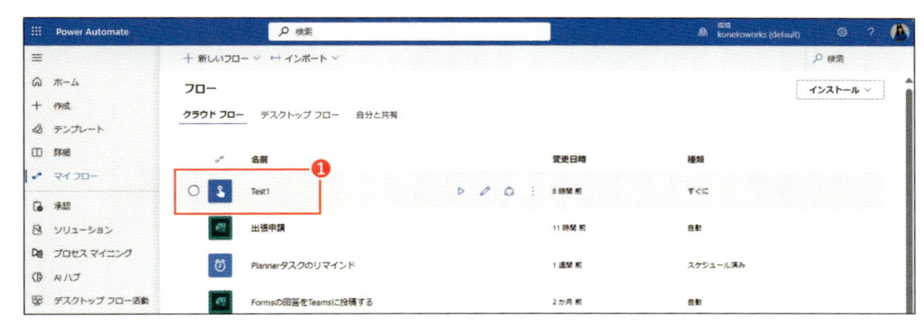

❶実行履歴を確認したいフロー名をクリックします。

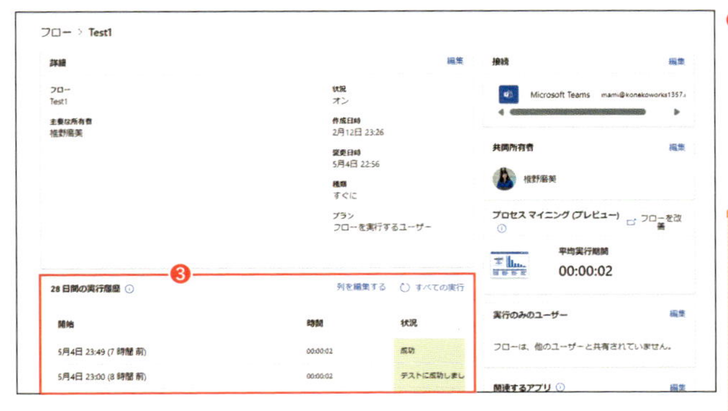

❷フローの詳細画面が表示され、実行履歴を確認できます。実行履歴の詳細を確認したい場合は、該当する実行履歴の「開始時刻」をクリックします。

メモ

実行履歴では、そのフローが過去28日間[8]で実行された履歴が表示されます。
いつ実行されたのか、実行が成功したのか失敗したのか、どのようなデータが処理されたのかを確認することができます。

8　一般データ保護規則（GDPR）では、実行ログの保持期間は28日以内と定められています。より長い期間の履歴を保持するには、削除前に履歴を手動でキャプチャする必要があります。

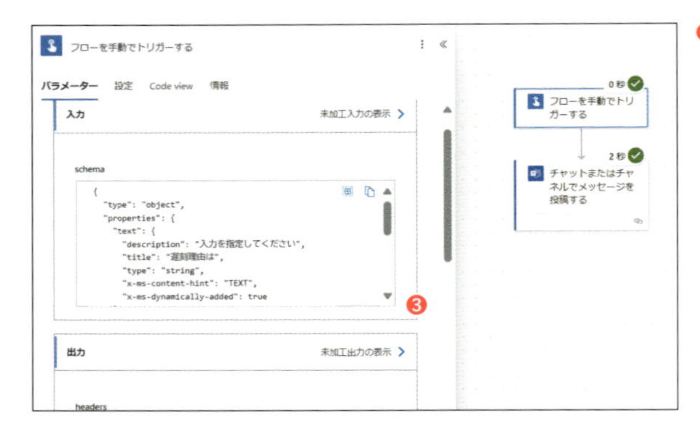

❸フローのテスト実行後と同様の画面が表示され、どのようにデータが処理されたのか、どのアクションが成功／失敗しているのかなどを確認できます。

実行履歴の表示列を編集する

実行履歴一覧では、トリガーの出力値を列に追加することができます。フロー実行時の不具合の修正などに役立ちます。

❶[列を編集する]をクリックします。

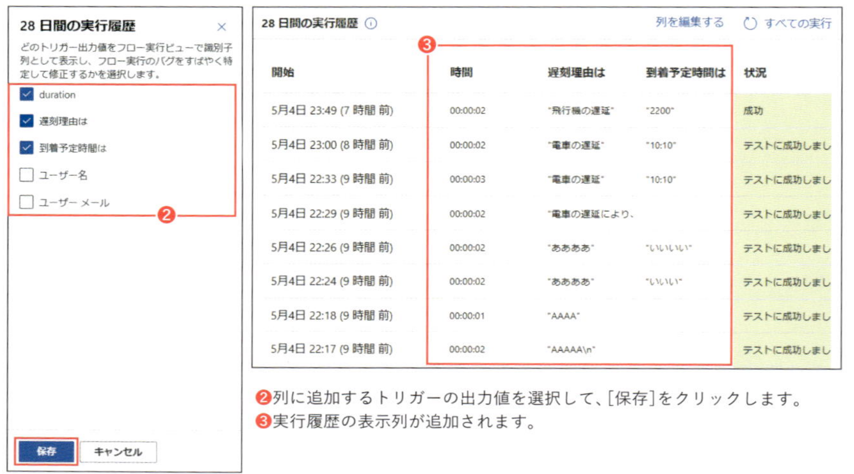

❷列に追加するトリガーの出力値を選択して、[保存]をクリックします。
❸実行履歴の表示列が追加されます。

フローを編集する・無効化する・削除する

「マイフロー」の一覧で、該当するフローにカーソルを位置づけると、［実行］［編集］［共有］［より多くのコマンド］アイコンが表示されます。

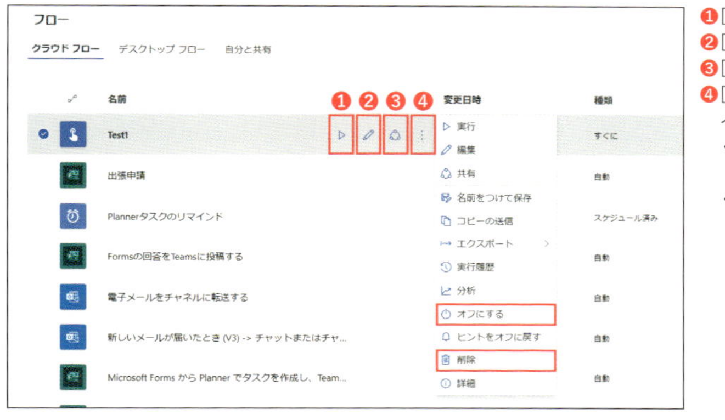

❶［実行］アイコン
❷［編集］アイコン
❸［共有］アイコン
❹［より多くのコマンド］アイコンで、その他の処理
・［オフにする］でフローを無効化
・［削除］でフローを削除
など

フローを管理するときのポイント

ここまで紹介した「マイフロー」での基本操作を踏まえて、安全・円滑にフローを管理するためのポイントを紹介します。

フローの「無効化」と「削除」の使い分け

［削除］で削除したフローは、元に戻すことができません。そのため、一時的に利用しない、実行を止めておきたいフローは、［オフにする］で無効化することをオススメします。無効化したフローを再度、有効化する場合は、［オンにする］[9]をクリックします。

無効化したフローを有効化するときの注意点

無効化したフローを有効化する場合は注意が必要です。フローの有効化と同時に複数のトリガーが一斉に実行され、想定外の状況（例：大量に通知メールが送信されるなど）を引き起こすことがあります。

これは、無効化している間に蓄積されていた処理に対して、トリガーが実行されることにより発生します。この状況を回避するには、無効化したフローをそのまま有効化するのではなく、無効化したフローをコピーして、コピ

9 オフに設定されているフローの場合、［オフにする］が［オンにする］メニューとして表示されます。

ーしたフローを有効化します。

無効化したフローをコピーするには、［より多くのコマンド］から、［名前をつけて保存］を選択し、元の名前とは違う名前を付けて［保存］をクリックします。コピーしたフローは、最初は無効化されているので、利用する際には［オンにする］で有効化します。

アクションの移動やコピーを利用するときの注意点

［編集］アイコンをクリックすると表示されるフローの編集画面では、配置したアクションをドラッグ&ドロップで移動したり、アクションをコピーして再利用したりできます。アクションを再度定義する必要がないため、処理の順番を入れ替えたい場合や、同じアクションを複数回実行させたい場合には、作業効率がアップします。

ただし、動的コンテンツを利用している場合は、アクションの前後関係を逆にすることはできないので注意しましょう。

フローの命名規則の設定

作成済みのフローが増えてきた際に管理しやすくするために、フローの名前について「命名規則」（名前を付ける上での統一的なルール）を考えておくことをオススメします。例えば、スキルを身につけるための学習用に作成したフローと実業務で利用するために作成したフローを区別しやすいように、それぞれ別のルールで名前を付けるといった工夫をするのもよいでしょう。

作成済みフローの名前を変更する場合は、編集画面の左上に表示されているフロー名をクリックして新しい名前を入力し、［保存］をクリックします。

図4-10 フローの名前の変更

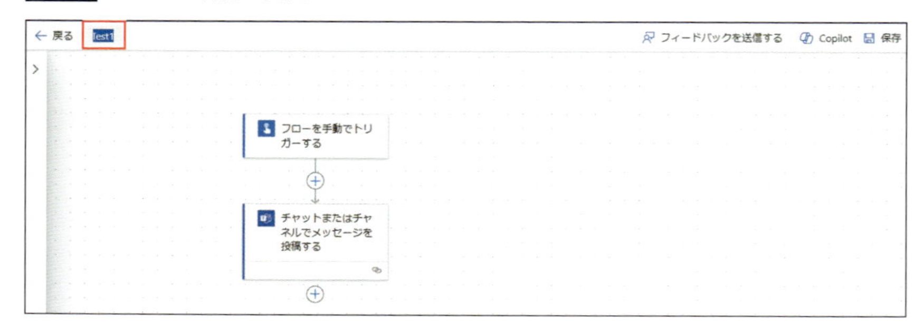

第5章

シゴトの流れを止めない！
承認フローの最短化

ヒトの判断が必要な業務を自動化するには、業務プロセスの見直しが必要です。第5章では、申請から承認までの業務フローを3種類の方法で自動化します。自動化の目的は同じでも、実現方法は複数あることを理解しましょう。

本章の目標

- 申請・承認フローの自動化のポイントを理解する
- 作成したフローをテストする方法を理解する
- 利用するサービスの基本機能を理解する

承認フロー自動化の「計画」と「設計」

2章で説明したとおり、**業務の自動化を考える観点のひとつに「ビジネスルールの適用が必須な作業」**があります（P.60参照）。例えば、経費精算や勤怠管理のような申請・承認業務は、ビジネスルールの適用が必須な業務です。

シゴトを進める上で、申請が必要な業務は数多く存在します。それにもかかわらず、申請・承認プロセスは脇役的なものと捉えられがちであり、効率化が進んでいない業務の代表例と言えます。シゴトの大半をPCで行っている一方で、申請書類は紙で印刷し、承認者や決裁者で回覧・押印するような決済処理が行われているケースも少なくありません。

申請・承認業務の自動化が進んでこなかった理由としては、日本の申請・承認フローは海外に比べて複雑で煩雑であることが挙げられます。その原因のひとつは、申請によって承認ルートが変わる点にあります。同種の承認フローであっても、申請者の部署や立場、申請内容に応じて追加承認が必要だったり、承認のスキップが可能だったりします。

また、承認フローにおける業務の形骸化もあります。その一例として、承認フローから外しても問題のないヒトが、承認者に含まれ続けているケースがあります。これは、いったん承認者としてフローに入れると、**心情的に承認フローから外しづらくなり、承認ルートが長くなっているとわかりつつも、不要な承認者が入っていることを容認してしまうから**です。

自動化の「計画」

ヒトの判断が必要な申請・承認プロセスの場合、完全に自動化することはできません。ただし、承認に必要な回数や時間を削減することで、ヒトが関わる部分を最小化することはできます。

申請・承認プロセスの自動化を計画する際、従来のやり方にとらわれることなく、「その申請・承認プロセスは本当に必要なのか？」を検討し、一から新しい申請・承認フローを考え、業務の最適化を行うことが重要です。

シゴトを「一連の流れ」として「見える化」する

申請・承認業務の目的は、組織の業務遂行において、組織の秩序を維持することです。組織のビジネスルールに基づくルートで申請された情報を承認することで、「業務の開始」もしくは「業務の完了」を確定します。

申請・承認の一番シンプルな流れは、共通のビジネスルールに照らし合わせて、「許可（Yes）」または「却下（No）」のどちらかを選ぶことです。また、**判断基準となるビジネスルールは、誰が判断しても迷うことなく、同じ判断・同じ結果になるルールにする必要があります。**

ところが、組織によっては、「例外」という名の異なる判断基準が容認され、業務を複雑かつ煩雑にさせています。**「例外」は、業務量の増加やヒトのオペレーションミスを引き起こす原因**になります。申請・承認業務の「一連の流れ」を「見える化」することで、「例外」を作らず、シンプルでスピーディーに処理できるフローを考えましょう。

図5-1 申請・承認のワークフローの例

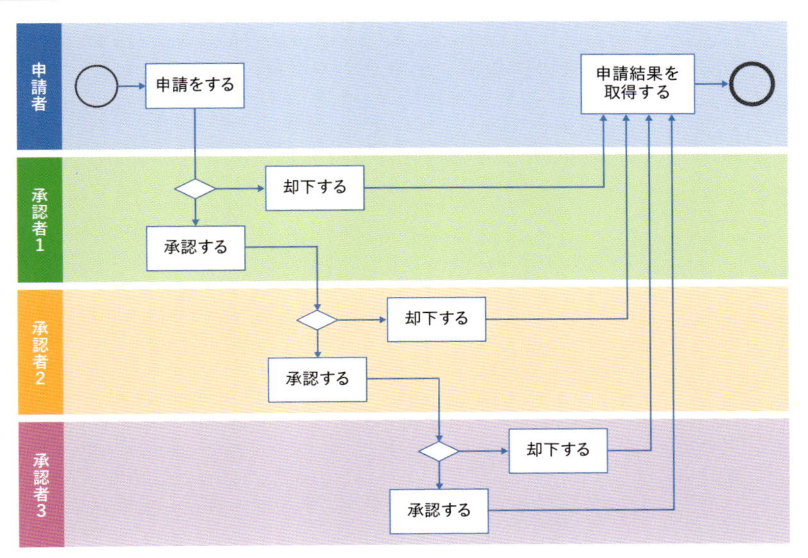

自動化したい業務を「文字化」する（自動化の効果を言葉で整理する）

申請・承認業務は、経費精算や勤怠管理のように**業種・業態を問わないで必要かつ共通化しやすいものと、業種や組織によって独自で必要なものがあります。**

共通化しやすい申請・承認業務は、専用のサービスやシステムを導入し、処理の多くを自動化している一方で、業種や組織独自の申請・承認業務は、申請書を印刷し、承認ルートに従って、承認者の署名や押印を収集するといった従来の方法で行われているケースもあるかもしれません。

そこで考えたいのが、Power Automateを利用した、申請・承認業務の自動化です。申請・承認業務を自らの手で自動化することで、組織で発生していた業務の停滞時間を削減することができます。

申請・承認業務の自動化を検討する際、以下の観点で自動化プロセスを考えるとよいでしょう。

- 申請の「はじまり」と承認の「おわり」を明確にする
- 申請・承認業務に関わる部門と人数を数値化する
- 申請する業務内容と承認者の役割分担を言語化する
- 申請・承認業務の頻度と総量を数値化する
- ヒトの間を流通する申請情報（文書、データ等）を明確化する

実習5-1では、申請者が出張申請を出すと、承認者に出張申請が通達され、承認業務をスピーディーに行えるようにします。

表5-1 「申請・承認フローを自動化する」フローの言語化例

What（何を）	出張申請から承認までの申請・承認プロセスをサービス内で完結する
Why（なぜ）	出張申請から承認までを迅速かつスムーズに実施し、申請情報をまとめて管理するため
Who（誰が）	全社員
How to（どのように）	入力フォームから出張申請を行い、申請のタイミングで承認者に通知する
How many（どれくらい）	月に1人平均3件×全社員

自動化の「設計」

申請・承認業務の自動化は、複雑かつ煩雑になっている既存の申請・承認フローを整理し、形骸化した承認プロセスを一掃できるチャンスです。

そのため、**「設計」段階で「例外」を排除し、誰が判断しても、迷うことなく、同じ判断・同じ結果になるように、申請・承認フローを設計しましょう。**

クラウドフローで自動化する範囲を決める

申請・承認業務は、以下の3つのステップに分解することができます。

図5-2 申請・承認の3ステップ

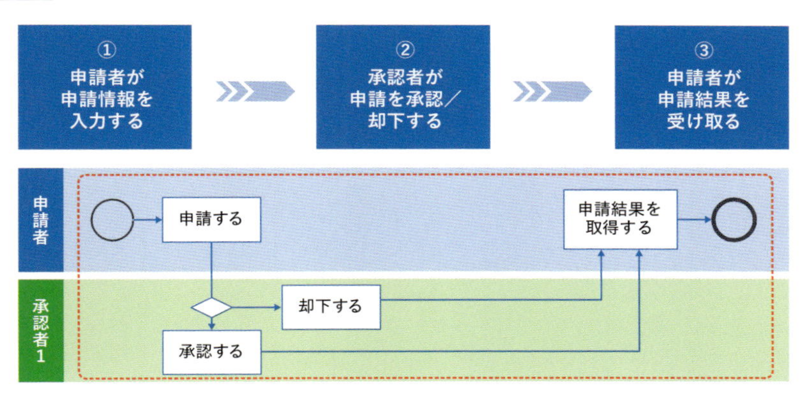

「申請者が承認情報を入力する」は、WordやExcelなどで作成した申請書類に記入する以外に、Formsの申請フォームを使う、SharePointのリストで申請情報を登録するといった方法などが考えられます。

利用するサービスの組み合わせを決める

Power Automateで承認プロセスを自動化する場合、他の業務の自動化と同様、**申請に必要な情報をどのサービスを利用して登録するかを考えます。**第5章では、実習5-1～実習5-3の3つの実習を通じて、異なるサービスを利用して、申請・承認業務の目的が達成できることを確認します。

業務の「プロセス」と「データ」の関係性を明確化する

申請・承認フローを設計する際、**申請者が申請した情報を「いつまで」「どのような形で」「どこに保管するか」を整理します。**

申請・承認業務で扱うデータの中には、法律に基づいて一定期間保存が必要なデータがあります。例えば、勤怠管理で管理する従業員の労働時間や経費精算で管理する領収書データなどが相当します。

情報ガバナンス[1]の観点では、データが生成されてから破棄されるまでのデータのライフサイクルが管理されていることは非常に重要です。日々、膨大な量の情報の処理、保管、検索の必要性が生じている状況において、適切な情報管理が行われない場合、業界規制の順守や訴訟時の適切な対応が難しくなるなど、ビジネスに大きな損失を与えるリスクがあります。

業務の自動化を考える際には、プロセスとデータの関係性を明確化することに加えて、データが生成されてから破棄されるまでのデータマネジメントの自動化についても検討するとよいでしょう。

コラム

申請・承認プロセスを削減するためのルール

申請・承認プロセスは、ルールの変更によって回数を減らすことも可能です。

申請・承認プロセスを削減する場合の大原則は、「権限移譲」と「責任の明確化」です。申請・承認プロセスを無くし、顧客満足度（CS）と従業員満足度（ES）を向上させている例に、リッツ・カールトンの「一従業員あたり20万円の決済権ルール」があります。このルールにより、都度の申請・承認プロセスを必要とせず、従業員の判断で顧客に対してタイミングよくサービスを提供することを実現しています。

申請・承認プロセスを考えるときに重要なのは、「共に働くチーム全員が心地よく働ける環境づくり」という視点です。組織の秩序を維持しながら、メンバーの思考や行動の自由を担保できるルールを検討しましょう。

1　情報ガバナンスとは、企業や組織内に保有しているすべての情報をコントロールし、適切なヒトに、適切なタイミングで提供するためのルールや体制を整備することです。

実習 5-1

Formsを利用して自動化する

実習5-1では、Formsで申請フォームを作成し、申請・承認フローを自動化します。

図5-3 FormsとOutlookを利用した申請・承認フロー

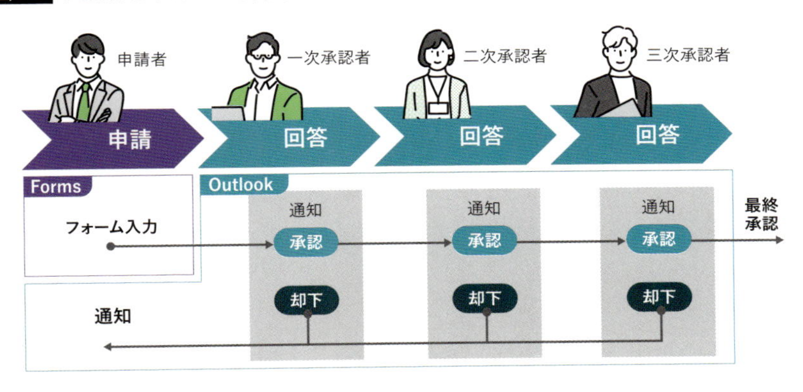

申請内容によっては図5-3のように、複数の承認者の承認を経て、最終的な承認が判断されますが、実習5-1では、1人の承認者が承認または却下を判断する申請・承認フローを作成します。作成するフローは、図5-4のフローになります。

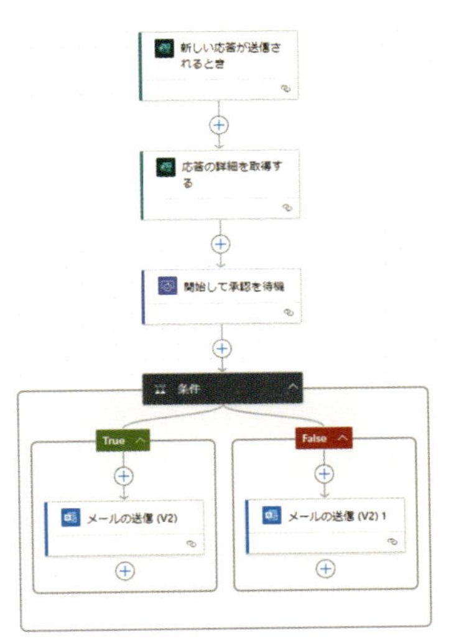

図5-4 入力フォームを利用した申請・承認フロー

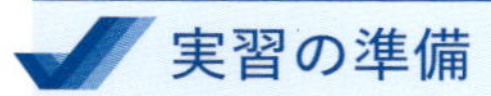

実習の準備

今回のフローのトリガーは、実習3-2と同様「Formsのフォームに入力したデータが送信されたとき」となるため、図5-5のような出張申請フォームをFormsで作成します。

図5-5 作成した出張申請フォーム

出張申請

* 必須

1. 出張先を選択してください *

国内

海外

2. 訪問先（顧客企業名）を入力してください *

回答を入力してください

3. 出張開始日を指定してください *

日付を入力してください(yyyy/MM/dd)

4. 出張終了日を指定してください *

日付を入力してください(yyyy/MM/dd)

5. 特記事項・相談事項があれば記入してください

回答を入力してください

送信

パスワードを記載しないでください。 不正使用を報告する

表5-2 出張申請フォームの設定

設問番号	回答形式	タイトル	選択肢の値	必須
1	選択肢	出張先を選択してください	国内 海外	必須
2	テキスト	訪問先（顧客企業名）を入力してください		必須
3	日付	出張開始日を指定してください		必須
4	日付	出張終了日を指定してください		必須
5	テキスト	特記事項・相談事項があれば記入してください		

Lesson1 Formsのトリガーとパラメーターを設定する

実習3-2のLesson1と同様、Formsの「新しい応答が送信されるとき」トリガーによって、Formsの「応答の詳細を取得する」アクションが実行されるフローを作成します。

「新しい応答が送信されるとき」トリガーを追加する

まず、Power Automateを起動し、左側に表示されるメニューから［＋作成］をクリックし、［自動化したクラウドフロー］をクリックしましょう（P.88参照）。

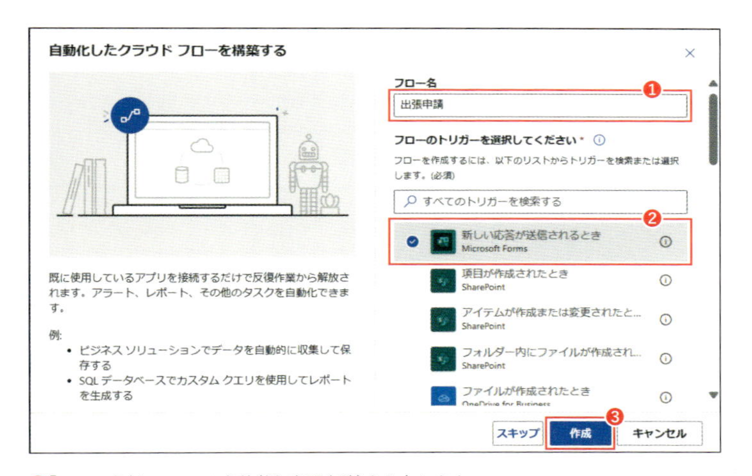

❶「フロー名」にフローの名前（例：出張申請）を入力します。
❷「フローのトリガーを選択してください」から、Microsoft Formsの［新しい応答が送信されるとき］トリガーをクリックします。
❸［作成］をクリックします。

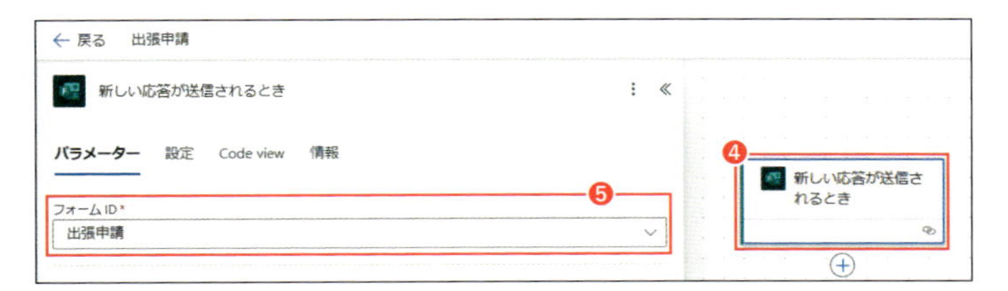

❹［新しい応答が送信されるとき］トリガーをクリックします。
❺どのフォームの「新しい応答が送信されるとき」トリガーであるかを指定するため、フォーム名を指定します。実習の準備で作成したフォーム名（例：出張申請）をリストから選択します。

「応答の詳細を取得する」アクションを追加する

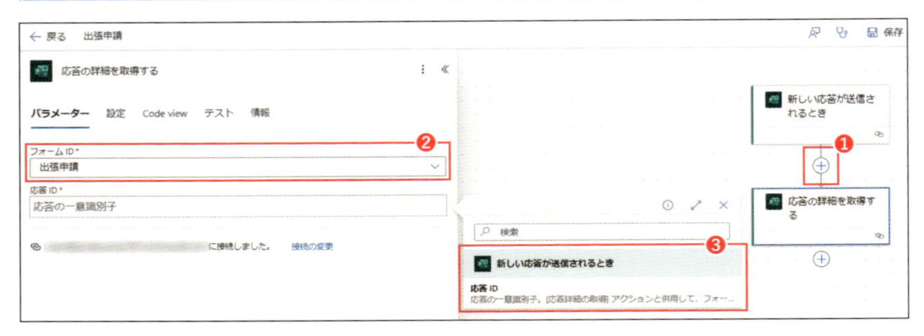

❶[＋]をクリックして[アクションの追加]をクリックします。「アクションの追加」でMicrosoft Formsを選択し、[応答の詳細を取得する]をクリックします。
❷パラメーターの「フォームID」をクリックすると表示されるリストから、実習準備で作成したフォーム名（例：出張申請）をクリックします。
❸パラメーターの「応答ID」にカーソルを位置づけると表示される⚡（「前の手順のデータを入力します。」）をクリックします。表示されたダイアログで[応答ID]を選択し、[追加]をクリックします。

Lesson2 「承認」のアクションとパラメーターを設定する

Lesson1は実習3-2と同じでしたが、ここからはFormsに新しい応答が送信されたときに「承認」が行われるように、承認のアクションを追加していきます。

「承認」のアクションを追加する

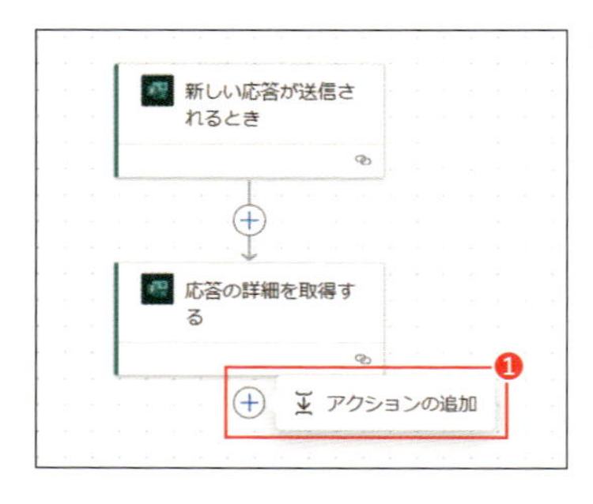

❶「応答の詳細を取得する」アクションの次のアクションを追加するため、[＋]をクリックして[アクションの追加]をクリックします。

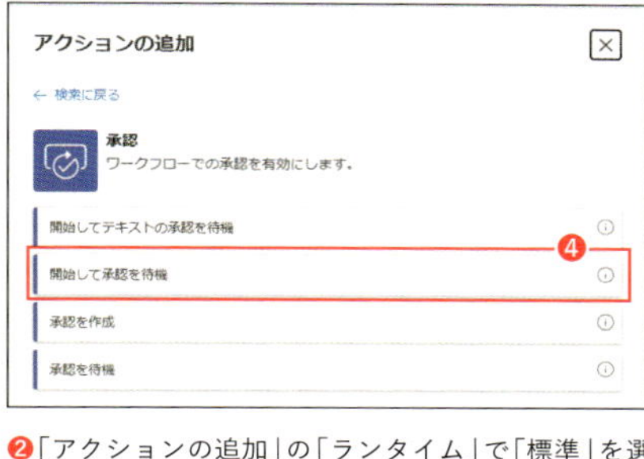

❷「アクションの追加」の「ランタイム」で「標準」を選択します。
❸表示されたランタイムの一覧から[承認]をクリックします。
❹[承認]のアクションから[開始して承認を待機]をクリックします。

メモ

「承認」コネクタは、ヒトによる判断(承認機能)をフローに追加する際に利用できるコネクタです。「開始して承認を待機」は、「承認を作成」アクションと「承認を待機」アクションを組み合わせたものです。つまり、承認を作成し、待機まで行うことができるアクションになります。

「承認」のパラメーターを設定する

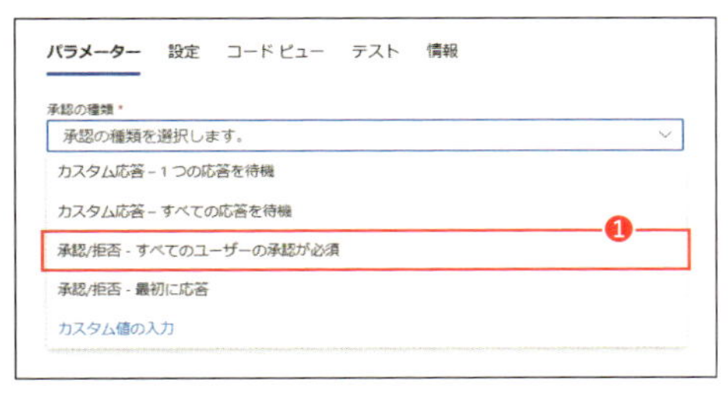

❶「開始して承認を待機」アクションのパラメーターとして、「承認の種類」を選択します。ここでは「承認/拒否 - すべてのユーザーの承認が必須」を選択します。

メモ

このパラメーターを選択した場合、「担当者」に入力されたユーザー全員の承認が必要です。誰か一人でも拒否した場合は、申請が却下されます。

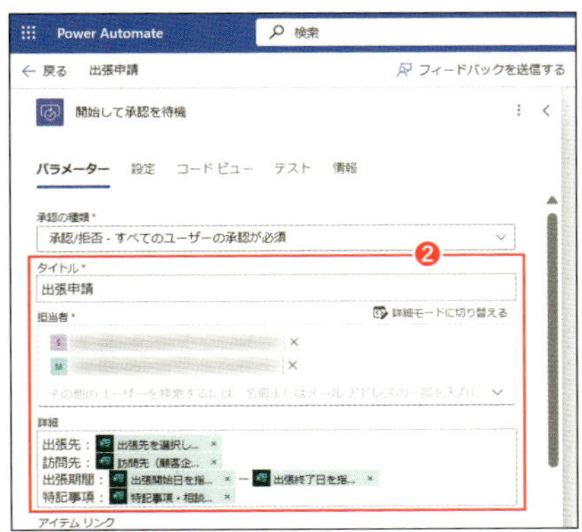

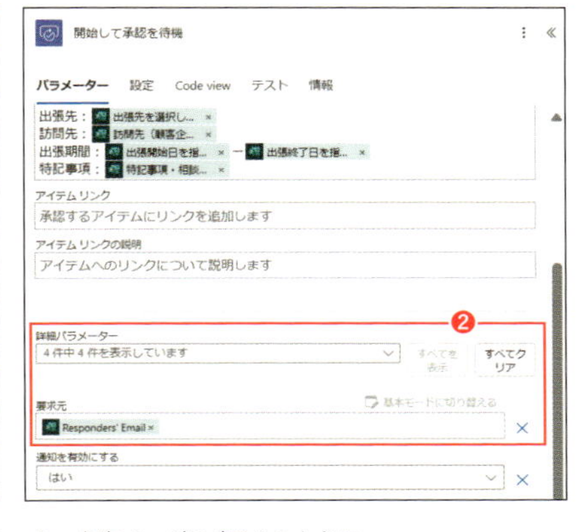

❷「開始して承認を待機」アクションのその他のパラメーターを次ページの表5-3のように設定し、[保存]をクリックしてフローを保存します。

表5-3 「開始して承認を待機」アクションのパラメーター

項目名	設定する内容
タイトル	「出張申請」と入力
担当者	・承認者となるユーザーのメールアドレスを設定 ・基本モードの場合、名前またはメールアドレスの一部を入力すると、候補者リストが出てくるので、該当するユーザー（メールアドレス）をクリック ・詳細モードの場合、複数名を指定する場合は、メールアドレスを「;」（半角セミコロン）で区切り入力
詳細	・1行目に「出張先：」と入力し、をクリックして「出張先を選択してください」を選択 ・2行目に「訪問先：」と入力し、をクリックして「訪問先（顧客企業名）を入力してください」を選択 ・3行目に「出張期間：」と入力し、をクリックして「出張開始日を指定してください」を選択。その後に「—」を入力し、をクリックして「出張終了日を指定してください」を選択 ・4行目に「特記事項：」と入力し、をクリックして「特記事項・相談事項があれば記入してください」を選択
要求元	・詳細パラメーターの［すべてを表示］をクリックし、要求元を表示する ・［詳細モードに切り替える］をクリック後、カーソルを位置づけると表示されるをクリックし、「Responders' Email」を選択

Lesson3 作成したフローをテスト実行する①

作成したフローが正しく動作することを確認するために、フローをテスト実行します。

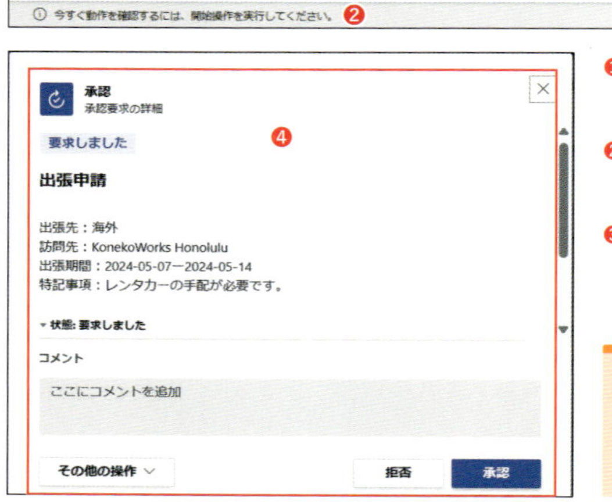

❶画面右上の［テスト］をクリックし、「フローのテスト」で「手動」を選択し、［テスト］をクリックします（画像省略）。
❷画面上部に、「今すぐ動作を確認するには、開始操作を実行してください。」とメッセージが表示されます。
❸Formsの出張申請フォームから、出張申請を送信します（画像省略）。

メモ

出張申請フォームは、「○○（ドメイン内）のユーザーのみが回答できます」と「名前を記録」が設定されている必要があります。理由については、次ページのコラムを確認してください。

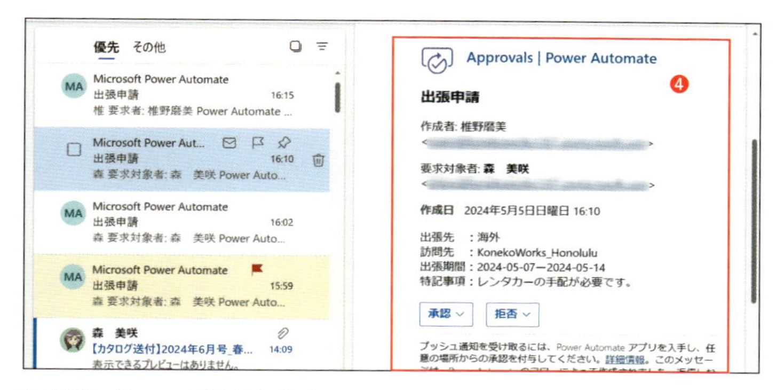

❹承認者のTeamsに承認申請が投稿され、Outlookに申請メールが送信されていることを確認します。

コラム

要求元に「Responders' Email」を設定する理由

「開始して承認を待機」アクションでパラメーター「要求元」の設定を省略した場合、承認依頼に記載される「要求したユーザー（要求者）」は、常にフローの作成者になります。

図5-6 要求元の設定を省略した場合
（左がTeamsの承認投稿、右がOutlookの承認依頼メール）

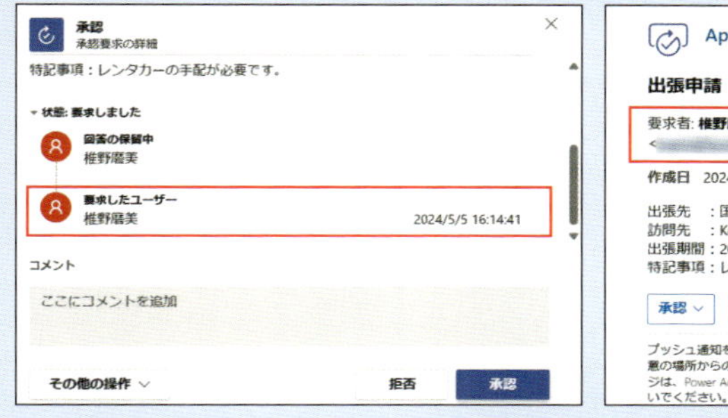

「Forms」コネクタの「応答の詳細を取得する」アクションから出力される動的コンテンツ「Responders' Email」には、Formsのフォームに回答を送信したユーザーのメールアドレスが格納されています。

動的コンテンツとして「Responders' Email」を利用するためには、Forms側の設定として「名前を記録」の設定がされている必要があります（既定では設定されています）。

図5-7 Formsの回答の送信と収集の設定

回答の送信と収集

すべてのユーザーが回答可能

konekoworks 内のユーザーのみが回答できます

konekoworks 内のアクセスを検証するにはサインインが必要です

名前を記録

1 人につき 1 つの回答

konekoworks 内の特定のユーザーが回答できます

Power Automateで承認フローを作成する場合、**自分でテストするだけでなく、実際に使う複数のユーザーに申請フローを実行してもらうことで、フローの設定による細かな違いに気付きやすくなります。**

Lesson4 申請の承認結果によって分岐する処理を追加する

承認プロセスは、承認の結果（承認または却下）によって異なる処理が求められます。「承認」コネクタの「結果」には、「Approve」（承認）または「Reject」（却下）の値が入っているので、この値を利用して処理を分岐できます。

「条件」アクションを追加する

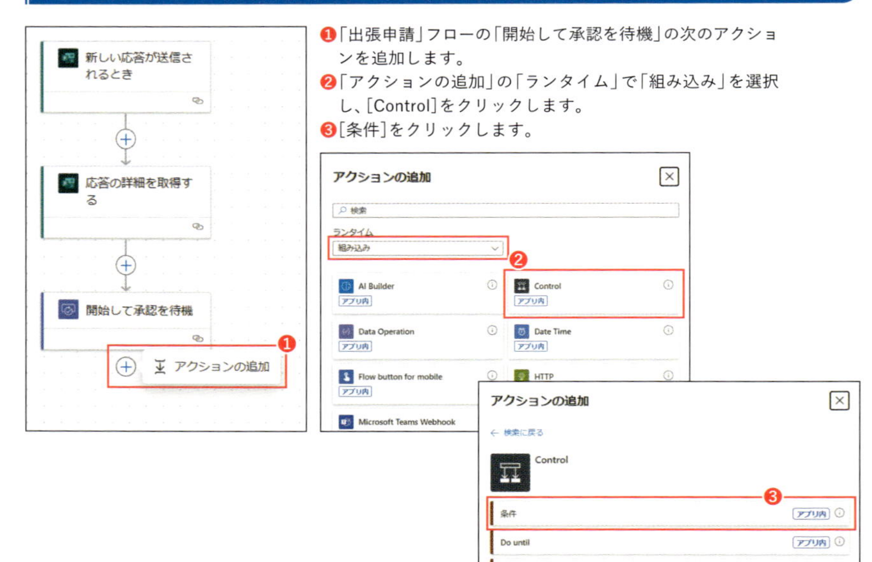

❶「出張申請」フローの「開始して承認を待機」の次のアクションを追加します。

❷「アクションの追加」の「ランタイム」で「組み込み」を選択し、[Control]をクリックします。

❸[条件]をクリックします。

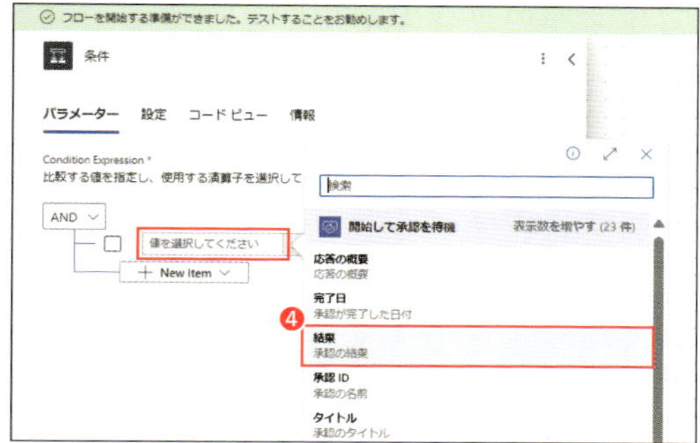

❹「条件」のパラメーターを設定します。1つ目のボックス（値を選択してください）で、⚡をクリックして、[結果]を選択します。

❺「条件」のパラメーターを設定します。3つ目のボックスに、「Approve」と入力します。

メモ

「「承認」のパラメーターを設定する」(P.139参照)の❷で、「担当者」パラメーターに指定する人数(メールアドレスの数)によって設定する値が変わります。
1人の場合は「Approve」、2人の場合は「Approve」を複数記載しますが、記載に注意が必要です。
(OK) Approve, Approve
(NG) Approve,Approve
このように、2つ目のApproveの前に半角のスペースが必要です(2024年9月1日現在)。

条件が真のときの処理を追加する

今回は、出張申請が承認された際、申請者に承認結果を伝える必要があるので、Trueの方に承認結果をメールで通知するアクションを追加します[2]。

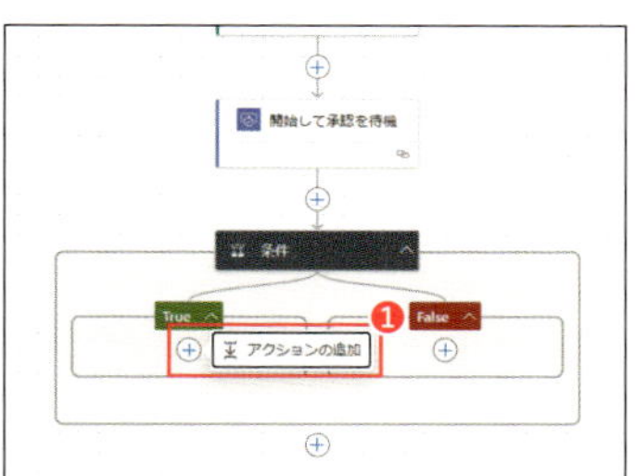

❶Trueのエリア内の[+]をクリックし、[アクションの追加]をクリックします。
❷「アクションの追加」で「Office 365 Outlook」コネクタをクリックします。
❸「メールの送信(V2)」をクリックします。

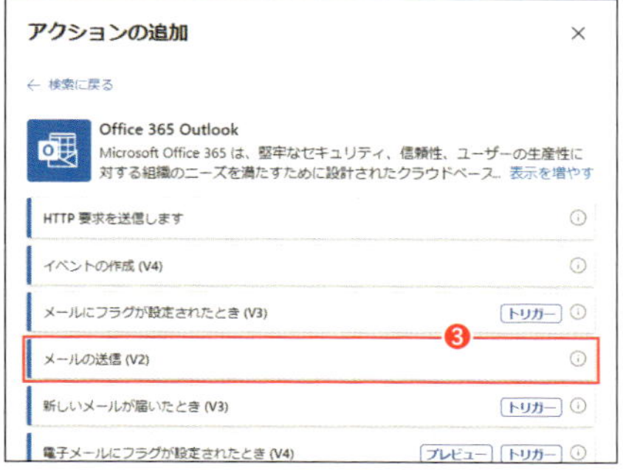

2 承認の申請や結果の連絡は、自動的にOutlookやTeamsに通知されます。実習では条件分岐の使い方を習得するため、メールで通知するアクションを追加しています。

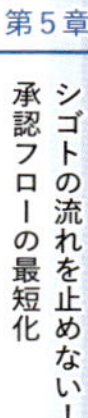

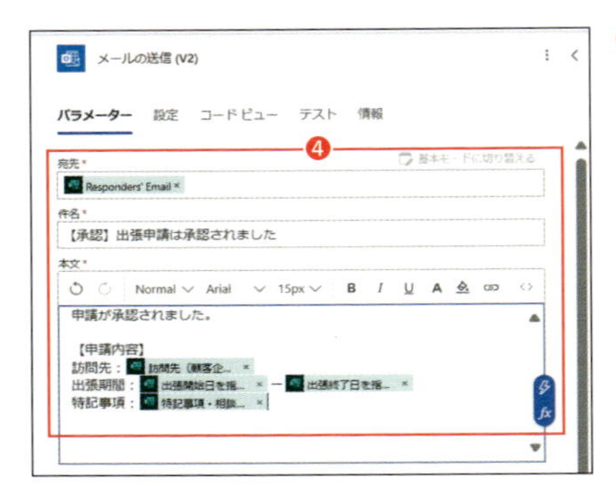

❹「メールの送信(V2)」アクションのパラメーターを表5-4のように設定します。

表5-4 「メールの送信(V2)」アクションのパラメーター(承認の場合)

パラメーター	設定する内容
宛先	[詳細モードに切り替える] をクリック後、カーソルを位置づけると表示されるをクリックし、「Responders' Email」を選択
件名	【承認】出張申請は承認されました
本文	・1行目に「申請が承認されました。」と入力 ・2行目は改行 ・3行目に「【申請内容】」と入力 ・4行目に「訪問先　:」と入力し、をクリックして「訪問先(顧客企業名)を入力してください」を選択 ・5行目に「出張期間：」と入力し、をクリックして「出張開始日を指定してください」を選択。その後に「—」を入力し、をクリックして「出張終了日を指定してください」を選択 ・6行目に「特記事項:」と入力し、をクリックして「特記事項・相談事項があれば記入してください」を選択

条件が偽のときの処理を追加する

次に、申請が却下されたとき、つまり条件が偽（False）のときの処理を追加します。こちらは、出張申請が却下された際に実行されるので、Falseの方に申請が却下されたことをメールで通知する処理を追加します。

手順としては、Falseのエリア内の［アクションの追加］をクリックし、Trueの処理を追加したときと同じ手順（❶〜❸）を繰り返します（P.143参照）。そして手順❹として、結果がFalseだったときのパラメーターを表5-5のように設定し、［保存］をクリックしてフローを保存します。

図5-8「メールの送信(V2)1」アクション(却下の場合)

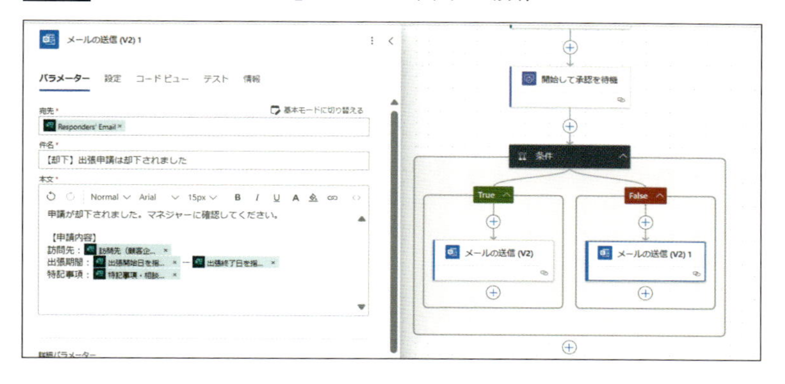

表5-5「メールの送信(V2)1」アクションのパラメーター(却下の場合)

パラメーター	設定する内容
宛先	［詳細モードに切り替える］をクリック後、カーソルを位置づけると表示されるをクリックし、「Responders' Email」を選択
件名	【却下】出張申請は却下されました
本文	・1行目に「申請が却下されました。マネジャーに確認してください。」と入力 ・2行目は改行 ・3行目に「【申請内容】」と入力 ・4行目に「訪問先　:」と入力し、をクリックして「訪問先（顧客企業名）を入力してください」を選択 ・5行目に「出張期間：」と入力し、をクリックして「出張開始日を指定してください」を選択。その後に「—」を入力し、をクリックして「出張終了日を指定してください」を選択 ・6行目に「特記事項:」と入力し、をクリックして「特記事項・相談事項があれば記入してください」を選択

Lesson5 作成したフローをテスト実行する②

作成したフローが正しく動作することを確認するために、フローをテスト実行します。❸まではLesson3で行った手順と同じですので、そちらを参照してください（P.140参照）。

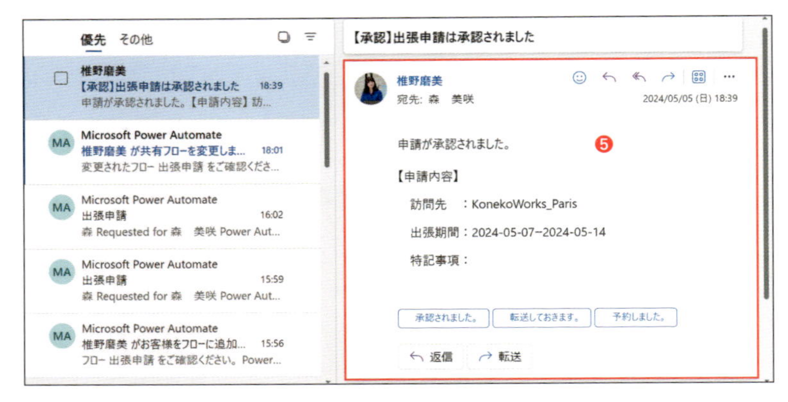

❶[テスト]をクリックし、「フローのテスト」で「手動」を選択し、[テスト]をクリックします。
❷画面上部に、「動作することを今すぐ確認するには、選択したフォームに新しい応答を送信します。」とメッセージが表示されます。
❸Formsの出張申請フォームから出張申請を送信します。
❹Teamsに投稿された承認申請、または、Outlook送信された承認申請メールで、出張申請を「承認」します。なお、Lesson2で担当者に複数名を登録した場合（P.139参照）、すべての担当者の承認が必要です。
❺出張申請者に、申請が承認されたときのメールが送信されていることを確認します。

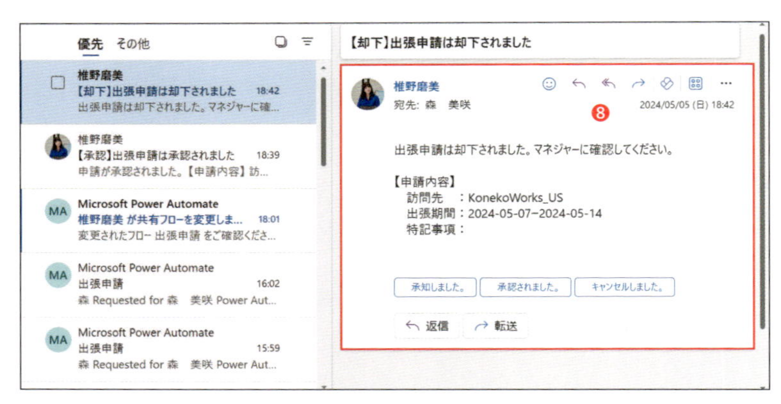

❻再度、出張申請を送信します。
❼Teamsに投稿された承認申請、または、Outlook送信された承認申請メールで、出張申請を「拒否（却下）」します。なお、Lesson2で担当者に複数名を登録した場合（P.139参照）、いずれかの担当者の拒否が必要です。
❽出張申請者に、申請が却下されたときのメールが送信されていることを確認します。

実習 5-2

SharePointを利用して自動化する

実習5-1では、Formsで申請フォームを作成し、フォームを利用した申請・承認プロセスを自動化しました。実習5-2では、申請フォームの代わりにSharePointのリストに申請情報を登録し、申請・承認プロセスを自動化します。

図5-9 実習5-1と実習5-2の違い

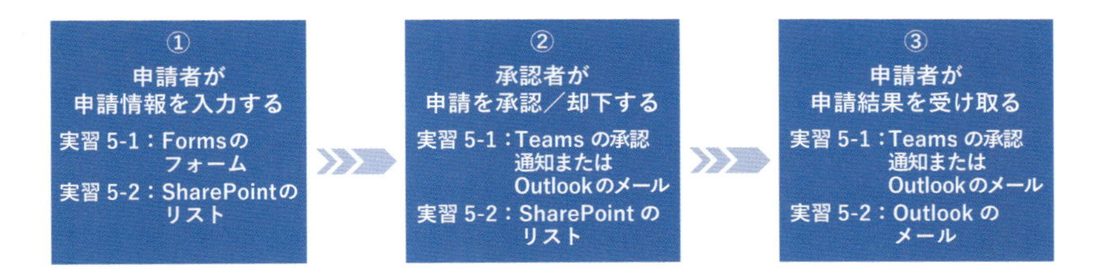

実習5-1では、①の申請情報の入力にFormsを利用しました。Formsでは、フォームに入力した情報が送信されると、1件分のデータとしてFormsに蓄積されます。蓄積されたデータはForms内で閲覧することもできますが、Excelファイルとしてダウンロードすることも可能です。

実習5-2では、①の申請情報の入力に、SharePointサイトに作成したリストを利用します。SharePointは、組織やチームの情報共有サイトを簡単に作成できるサービスで、ドキュメントの共有、ニュース投稿など、さまざまな機能が提供されています。SharePointはクラウドサービスが誕生する以前から提供されている、歴史の長いサービスであることから、SharePointのライブラリやリストの利用に慣れている方も多いかもしれません。

入力情報の収集と管理だけであれば、FormsでもSharePointでも大きな違いはありませんが、各サービスが提供する機能との連携や収集した情報をどのように管理するかによって、使用するサービスが変わります。実習2-1で、さまざまなテンプレートを確認することをオススメしたのは（P.64参照）、フローの作成時に使用するサービスを選定する観点を身につけるためです。

実習5-1では、申請の「承認」または「却下」という結果を申請者に通知するだけでしたが、実習5-2では、図5-10のように、出張申請の情報を一覧で管理し、各申請が「承認」または「却下」のどちらであったかもわかるようにします。

図5-10 出張申請の情報を一覧で管理(実習5-2)

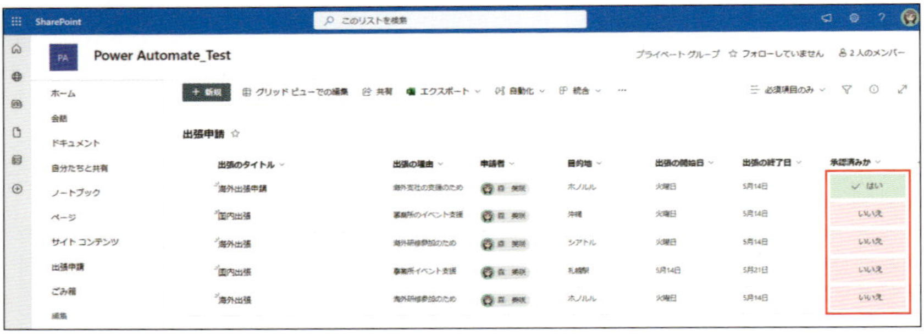

自動化する範囲を決める際、処理の「はじまり」から処理の「おわり」までを検討しますが、合わせて検討の必要があるのは、**ヒトとヒトの間を流通する必要がある情報と情報の変化をどのように扱うか**ということです。

具体例で説明すると、実習5-2で使用するSharePointのリストは、図5-10に示したとおり、申請情報の入力に使用するだけでなく、過去の出張申請を管理する役割も果たします。そのため、実習5-2で作成するフローでは、承認者が申請を「承認」または「却下」した際、その結果をリストに反映し、さらに、申請結果をメールで申請者に通知するようにします。

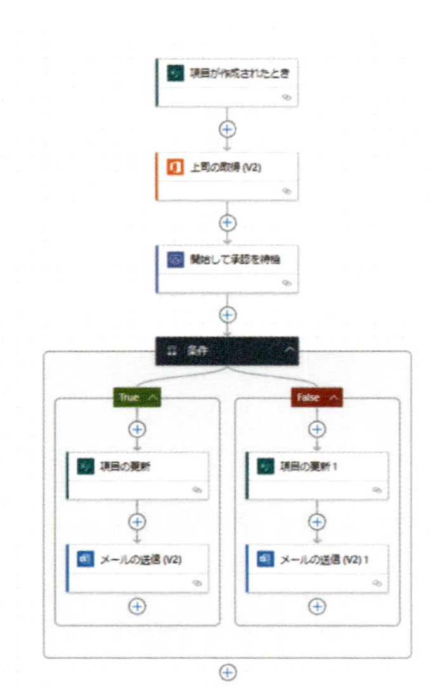

図5-11 実習5-2で作成するフロー

実習の準備

今回のフローのトリガーは、「SharePointのリストにデータが入力されたとき」となるため、出張申請用のリストをSharePointサイトに作成します。

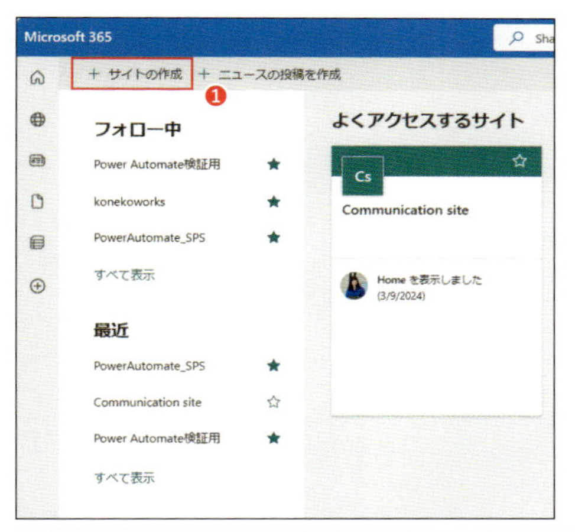

❶SharePointを起動し、画面左上に表示されている[＋サイトの作成]をクリックします。
❷「サイトの作成：サイトの種類を選択する」で、[チームサイト]を選択します。
❸「テンプレートを選択」で、[標準チーム]を選択します。

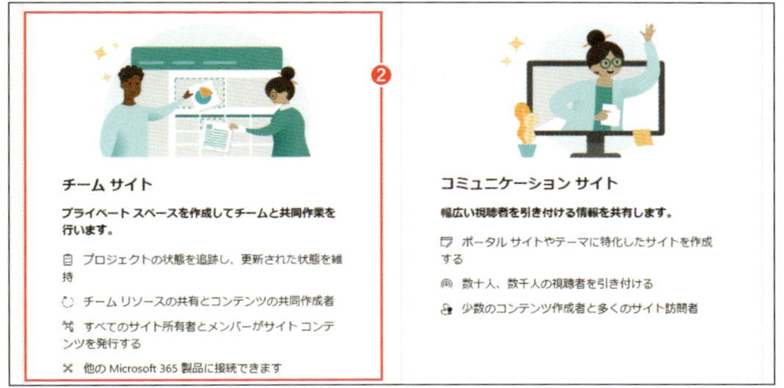

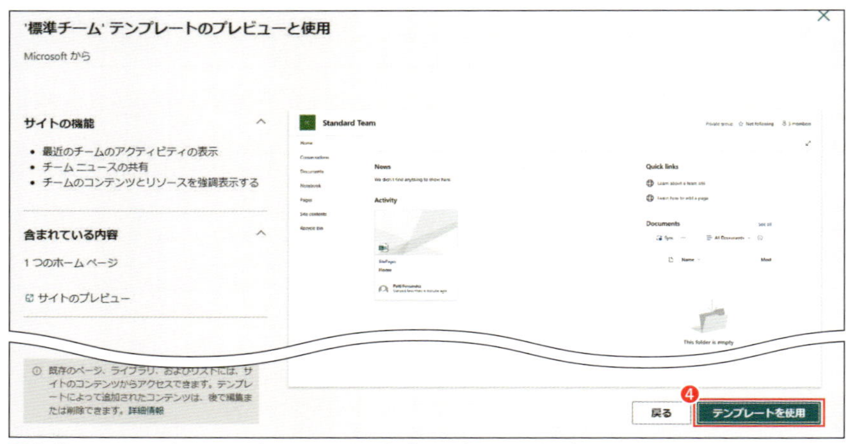

❹「標準チーム テンプレートのプレビューと使用」で[テンプレートを使用]をクリックします。

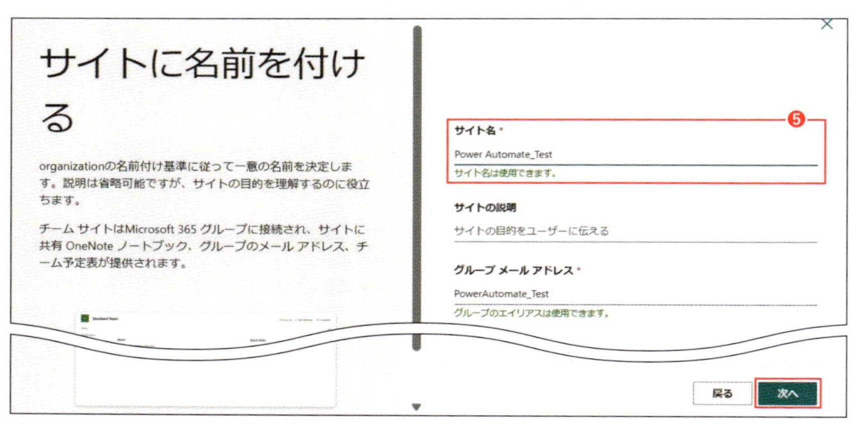

❺「サイトに名前を付ける」で、「サイト名」に任意のサイト名(例:Power Automate_Test)を入力し、[次へ]をクリックします。

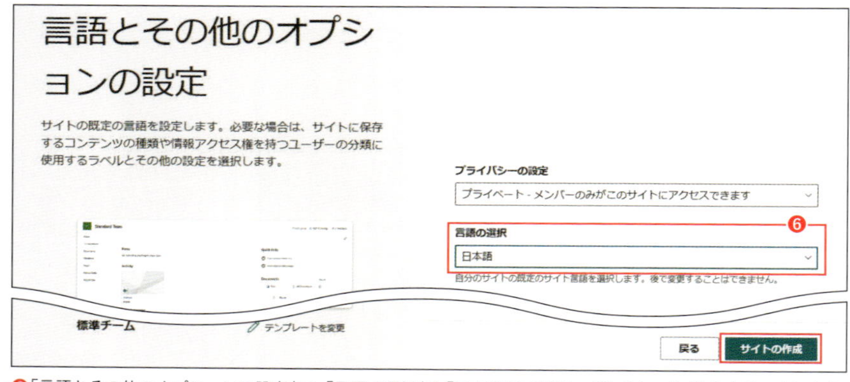

❻「言語とその他のオプションの設定」で、「言語の選択」を「日本語」に選択し、[サイトの作成]をクリックします。

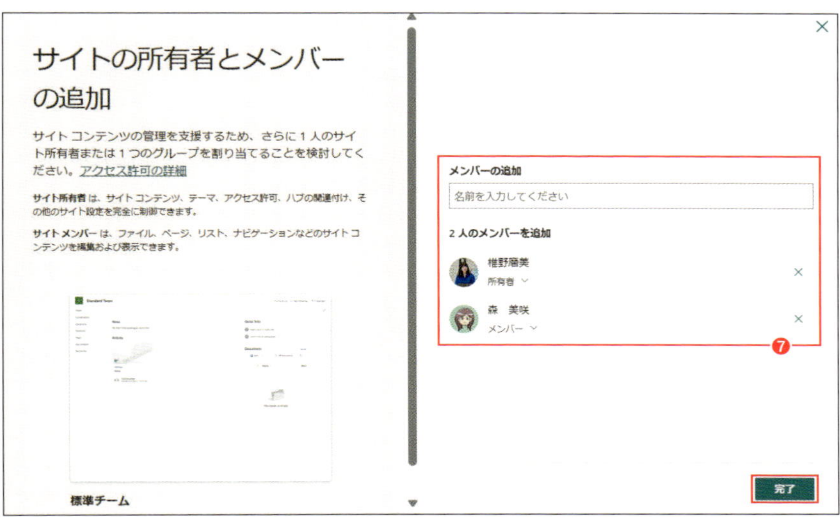

❼「サイトの所有者とメンバーの追加」で、メンバーを追加し、役割を設定した後、[完了]をクリックします。

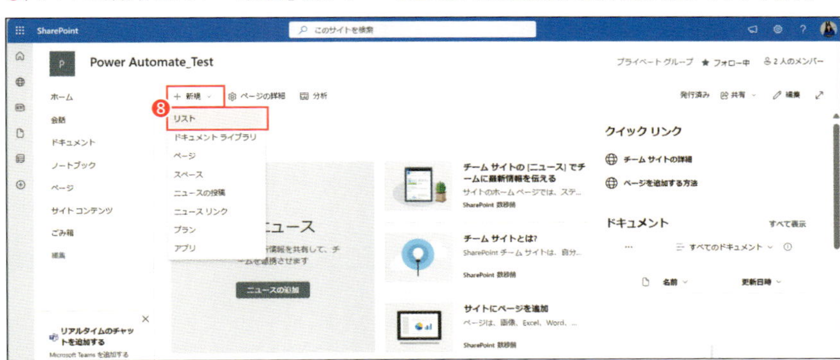

❽作成したサイトに「リスト」を作成します。[＋新規]をクリックし、[リスト]をクリックします。

❾「リストを作成」で、「テンプレート」内にある[出張申請]をクリックします。

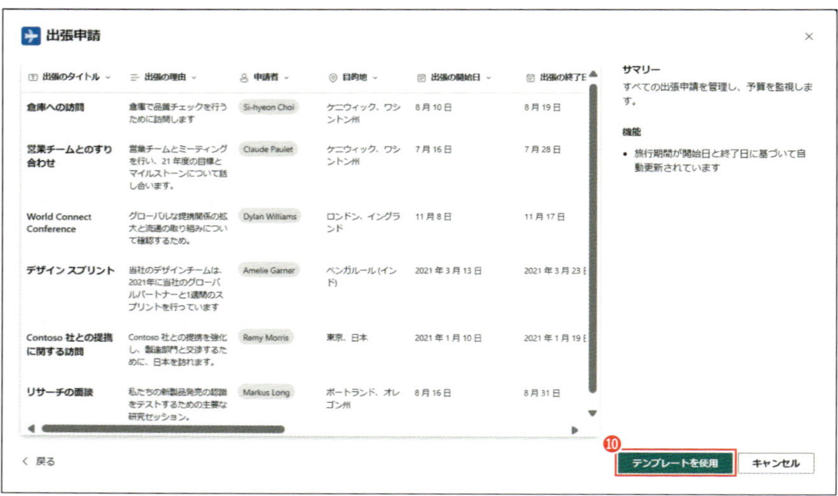

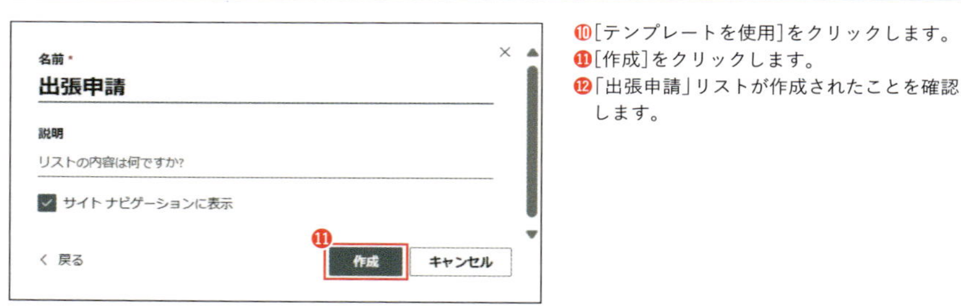

❿［テンプレートを使用］をクリックします。
⓫［作成］をクリックします。
⓬「出張申請」リストが作成されたことを確認します。

Lesson1 SharePointのトリガーとパラメーターを設定する

SharePointの出張申請リストに出張申請（アイテム）が作成されると承認申請プロセスを開始するフローを作成するため、SharePointのトリガーを設定します。

SharePointのトリガーを作成する

まず、Power Automateを起動し、左側に表示されるメニューから［＋作成］をクリックし、［自動化したクラウドフロー］をクリックしましょう（P.88参照）。

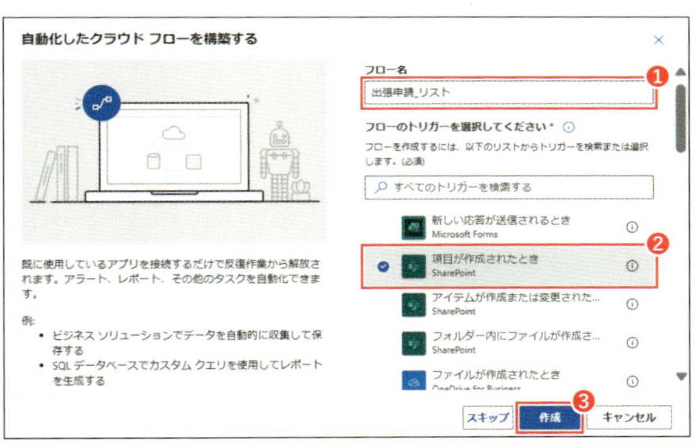

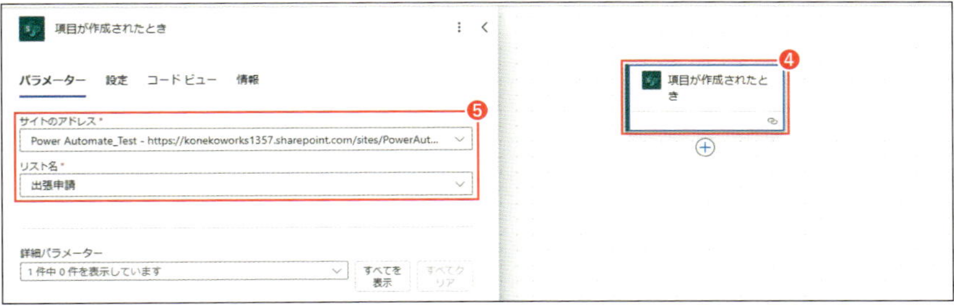

❶「フロー名」にフローの名前（例：出張申請_リスト）を入力します。
❷トリガーとしてSharePointの［項目が作成されたとき］を選択します。
❸［作成］をクリックします。
❹トリガーのブロックをクリックします。
❺表5-6のようにパラメーターを設定します。

表5-6 「項目が作成されたとき」トリガーのパラメーター

パラメーター	設定する内容
サイトのアドレス	実習の準備で作成したサイトをリストから選択
リスト名	実習の準備で作成した「出張申請」リストを指定

Lesson2 「上司の取得(V2)」アクションを追加する

承認プロセスが開始されたことを上司に連絡するため、上司の情報を取得します。「Office 365ユーザー」コネクタを利用すると、Microsoft 365で管理されているユーザー情報を取得することができます。

「上司の取得(V2)」アクションを追加する

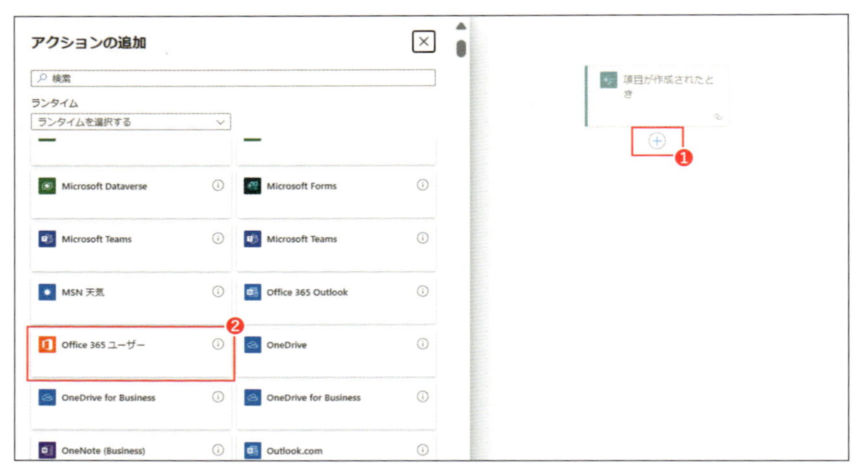

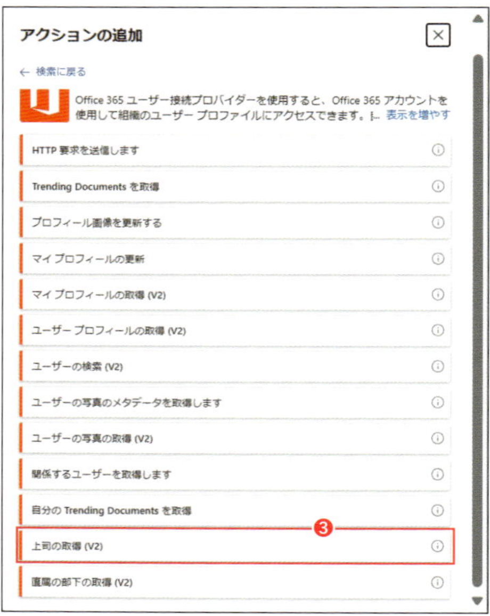

❶「項目が作成されたとき」トリガーの次にアクションを追加するため、[+]をクリックし、[アクションの追加]をクリックします。
❷「アクションの追加」から「Office 365ユーザー」をクリックします。
❸「上司の取得(V2)」[3]アクションをクリックします。

3 上司の情報が取得できるためには、Microsoft 365 ユーザー（Microsoft Entra ID）のプロパティとして、上司（マネージャー）の設定がされていることが必須になります。

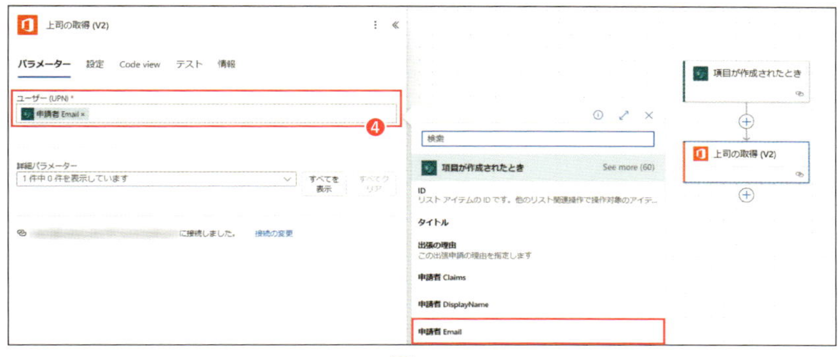

❹「ユーザー(UPN)」パラメーターを設定します。をクリックし、「項目が作成されたとき」アクションの動的コンテンツ「申請者 Email」を選択します。

Lesson3 「承認」のアクションとパラメーターを設定する

実習5-1では、フォームに新しい応答が送信されたとき、承認が行われるように「承認」のアクションを追加しました。実習5-2では、リストに新しいアイテムが追加されたとき、承認が行われるように「承認」のアクションを追加します。

「承認」のアクションを追加する

❶〜❸は実習5-1のLesson2と同じです(P.138参照)。

❶「上司の取得(V2)」アクションの次に、アクションを追加します。
❷「アクションの追加」の「ランタイム」で「標準」を選択し、表示されたランタイムの一覧から[承認]をクリックします。
❸「承認」のアクションから[開始して承認を待機]をクリックします。
❹「開始して承認を待機」アクションのパラメーターとして、「承認の種類」を選択します。今回は、「承認/拒否 - すべてのユーザーの承認が必須」を選択します。
❺表5-7のようにその他のパラメーターを設定し、フローを保存します。

表5-7 「開始して承認を待機」アクションのパラメーター

項目名	設定する内容
タイトル	「出張申請」と入力
担当者	・[詳細モードに切り替える] をクリック後、カーソルを位置づけると表示されるをクリックし、「上司の取得 (V2)」の動的コンテンツから「メール」を選択 ※「メール」を表示するためには、「上司の取得 (V2)」の[See more][4]をクリックします。
詳細	・1行目に「申請者：」と入力し、をクリックして「項目が作成されたとき」の動的コンテンツ「申請者 DisplayName」を選択 ・2行目に「出張先：」と入力し、をクリックして「項目が作成されたとき」の動的コンテンツ「目的地：国 / 地域」「目的地：都道府県」を選択 ・3行目に「訪問先：」と入力し、をクリックして「項目が作成されたとき」の動的コンテンツ「目的地：名前」を選択 ・4行目に「出張期間：」と入力し、をクリックして「項目が作成されたとき」の動的コンテンツ「出張の開始日」を選択。その後に「—」を入力し、をクリックして「出張の終了日」を選択 ・5行目に「出張理由：」と入力し、をクリックして「項目が作成されたとき」の動的コンテンツ「出張の理由」を選択 ※表示されていない動的コンテンツを表示するためには、「項目が作成されたとき」の[See more][4]をクリックします。
要求元	・詳細パラメーターの [すべてを表示] をクリックし、要求元を表示 ・[詳細モードに切り替える] をクリック後、カーソルを位置づけると表示されるをクリックし、「項目が作成されたとき」の動的コンテンツ「申請者 Email」を選択

Lesson4 作成したフローをテスト実行する①

作成したフローが正しく動作することを確認するために、フローをテスト実行します。画面右上の [テスト] をクリックし、「フローのテスト」で「手動」を選択し、[テスト] をクリックしましょう (P.25参照)。

Power Automate 検索
← 出張申請_リスト
ⓘ 今すぐ動作を確認するには、選択した SharePoint フォルダーに新しいリスト アイテムを追加します。❶

❶画面上部に、「今すぐ動作を確認するには、選択したSharePointフォルダーに新しいリストアイテムを追加します。」とメッセージが表示されます。

4 2024年9月1日時点での表記です。[表示数を増やす] などの表記に変更されている可能性もあります。

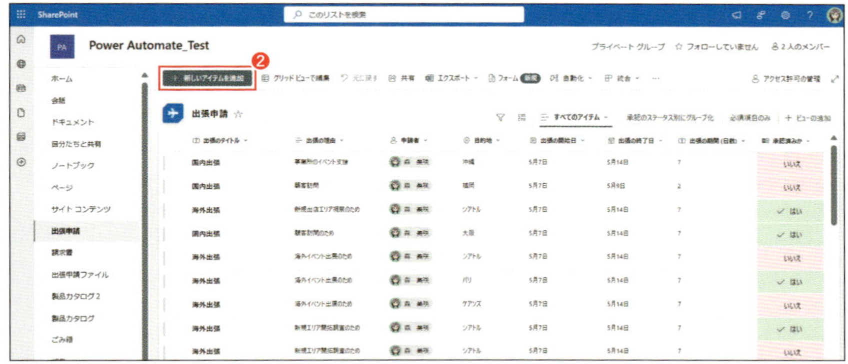

❷部下のアカウントからSharePointの出張申請リストに出張申請を登録します。[＋新しいアイテムを追加]をクリックします。

❸必要な情報を入力し、[保存]をクリックします。

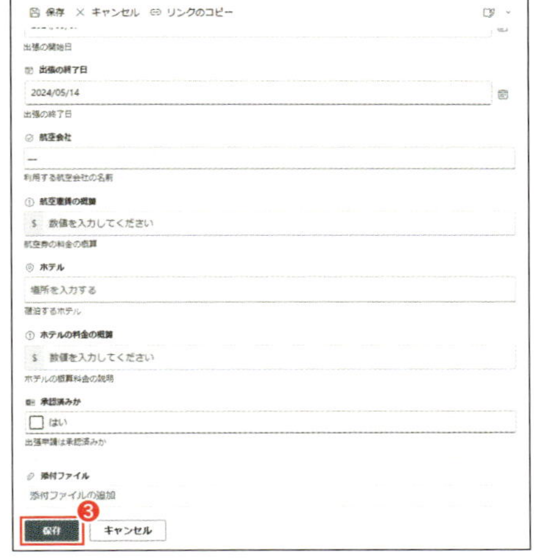

表5-8 出張申請の登録で設定する値

設定項目	設定する値
出張のタイトル	海外出張
出張の理由	海外研修参加のため
申請者	※部下の立場のアカウントのメールアドレスを設定
目的地	シアトル
出張の開始日	※カレンダーから任意の日を選択（例：2024年5月7日）
出張の終了日	※カレンダーから任意の日を選択（例：2024年5月14日）

❹承認者のTeamsに承認申請が投稿され、Outlookに申請メールが送信されていることを確認します。

Lesson5 申請の承認結果によって分岐する処理を追加する

実習5-1と同じように、承認プロセスは、承認の結果（承認または却下）によって異なる処理が求められます。「承認」コネクタの「結果」には、「Approve」または「Reject」の値が入っているので、この値を利用して処理を分岐できます。

SharePointの出張申請リストには、承認状態を管理する「承認済みか」があります。実習5-1のLesson4では、申請者に承認結果をメールするだけでしたが、実習5-2のLesson5では、上司の承認結果によって、SharePointの「承認済みか」が更新され、申請者に承認結果をメールする処理を追加します。

条件のアクションを追加する

まず、条件のアクションを追加します。これは、実習5-1のLesson4の❶～❺（P.142参照）と同じ操作を行ってください。

条件が真のときの処理を追加する

今回は、出張申請が承認された際、SharePointサイトのリストの更新と承認結果をメールで通知する必要があるので、Trueの方に2つのアクションを追加します。

まずは実習5-1と同じように、Trueのエリア内の［アクションの追加］をクリックして（P.143参照）、SharePointの「項目の更新」アクションを追加しましょう。パラメーターは、表5-9のように設定します。

図5-12「項目の更新」アクション

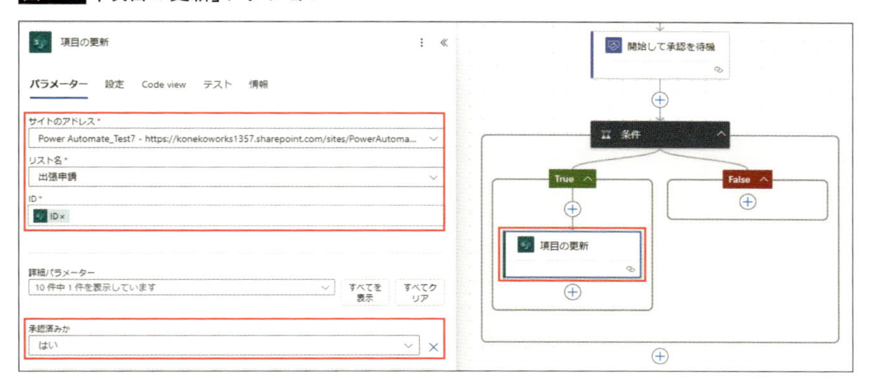

表5-9「項目の更新」アクションのパラメーター

パラメーター	設定する内容
サイトのアドレス	実習の準備で作成したサイトをリストから選択
リスト名	実習の準備で作成した「出張申請」リストを指定
ID	をクリックし、「項目が作成されたとき」の動的コンテンツ「ID」を選択
承認済みか	はい

続いて、「メールの送信（V2）」アクションを追加し（P.143参照）、パラメーターを設定します。実習5-1と同様の手順ですが、設定するパラメーターが少し異なっているので注意してください。

図5-13「メールの送信(V2)」アクション

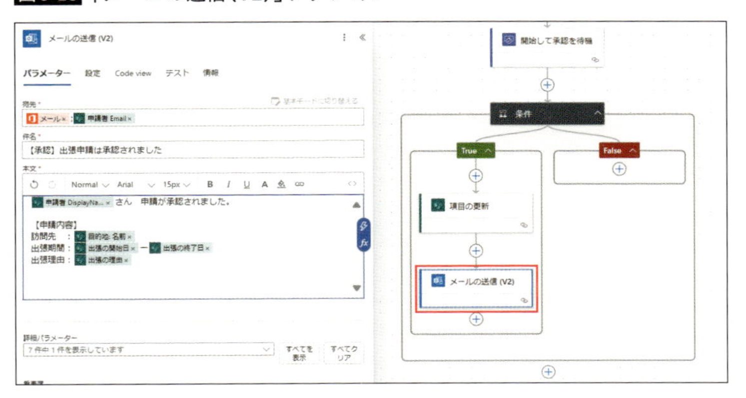

表5-10 「メールの送信(V2)」アクションのパラメーター

パラメーター	設定する内容
宛先	・「上司の取得(V2)」アクションの動的コンテンツ「メール」を選択 ・「;」(半角セミコロン)を入力後、「項目が作成されたとき」トリガーの動的コンテンツ「申請者 Email」を選択
件名	【承認】出張申請は承認されました
本文	・1行目に「項目が作成されたとき」トリガーの動的コンテンツ「申請者 Display Name」を選択。その後に「さん　申請が承認されました。」と入力 ・2行目は改行 ・3行目に「【申請内容】」と入力 ・4行目に「訪問先:」と入力し、「項目が作成されたとき」トリガーの動的コンテンツ「目的地:名前」を選択 ・5行目に「出張期間:」と入力し、「項目が作成されたとき」トリガーの動的コンテンツ「出張の開始日」を選択。その後に「―」を入力し、「出張の終了日」を選択 ・6行目に「出張理由:」と入力し、「項目が作成されたとき」トリガーの動的コンテンツ「出張の理由」を選択

条件が偽のときの処理を追加する

今回は出張申請が却下された際に、SharePointサイトのリストを更新し、却下理由をメールで通知する必要があるので、Falseの方にも2つのアクションを追加します。

真のときの処理と同じように、「項目の更新1」アクションと「メールの送信(V2)1」アクションを追加し、表5-9と表5-10の一部を変更したパラメーターを設定しましょう。

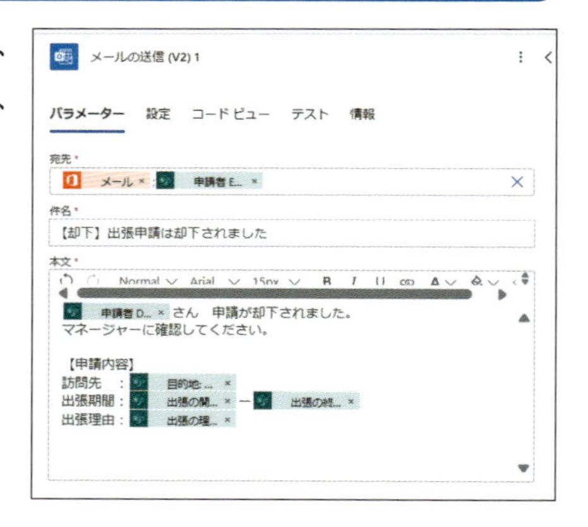

- 「項目の更新1」アクション(表5-9)
  → 「承認済みか」を「いいえ」に設定
- 「メールの送信(V2)1」アクション(表5-10)
  → 「件名」に「【却下】出張申請は却下されました」を入力
  → 「本文1行目」に「さん　申請が却下されました。」を入力

Lesson6 作成したフローをテスト実行する②

作成したフローが正しく動作することを確認するために、フローをテスト実行します。❹まではLesson4で行った手順と同じです（P.156参照）。

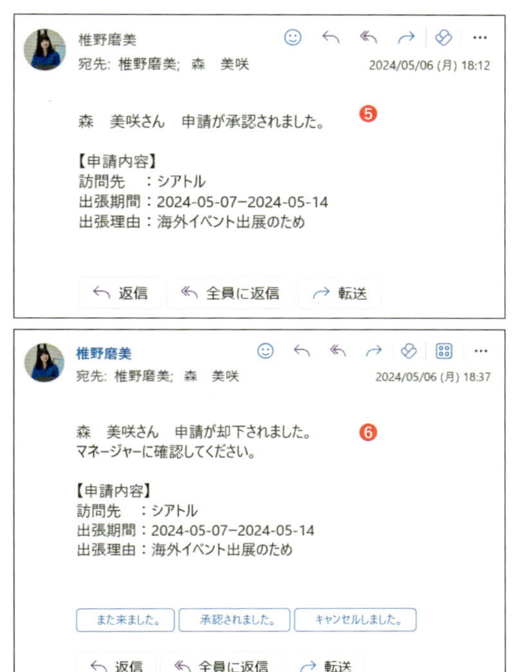

❶［テスト］をクリックし、「フローのテスト」で「手動」を選択し、［テスト］をクリックします。
❷画面上部に、「今すぐ動作を確認するには、選択したSharePointフォルダーに新しいリストアイテムを追加します。」とメッセージが表示されます。
❸部下のアカウントからSharePointの出張申請リストに出張申請を登録します。
❹承認者のTeamsに承認申請が投稿され、Outlookに申請メールが送信されていることを確認します。
❺申請を承諾した場合は、承諾のメールが承認者と申請者に送信されていることを確認します。
❻申請を拒否した場合は、拒否のメールが承認者と申請者に送信されていることを確認します。
❼SharePointの出張申請リストの「承認済みか」が「はい」か「いいえ」になっていることを確認します。

出張申請 ☆

出張のタイトル	出張の理由	申請者	目的地	出張の開始日	出張の終了日	承認済みか
国内出張	顧客訪問のため	森　美咲	大阪	明日	5月14日	✓ はい
海外出張	海外イベント出展のため	森　美咲	シアトル	明日	5月14日	いいえ
海外出張	海外イベント出展のため	森　美咲	パリ	明日	5月14日	✓ はい
海外出張	海外イベント出展のため	森　美咲	ケアンズ	明日	5月14日	いいえ
海外出張	新規エリア開拓調査のため	森　美咲	シアトル	明日	5月14日	✓ はい
海外出張	新規エリア開拓調査のため	森　美咲	シアトル	明日	5月14日	いいえ
海外出張	海外イベント出展のため	森　美咲	シアトル	明日	5月14日	✓ はい
海外出張	海外イベント出展のため	森　美咲	シアトル	明日	5月14日	いいえ

❼

コラム

承認フローにおける承認者について

Microsoft 365のユーザーアカウントを管理しているMicrosoft Entra IDでは、ユーザーのさまざまな情報を管理することができます。

図5-14 Microsoft Entra ID

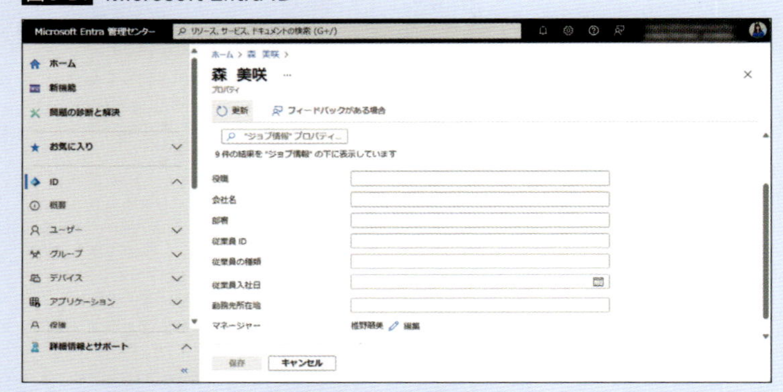

Microsoft Entra IDで組織のユーザー情報を一元管理している場合、「Office 365 ユーザー」コネクタを利用して、ユーザー情報を利用することができます。

実習5-2では、SharePointの「項目が作成されたとき」トリガーの動的コンテンツ「申請者　Display Name」を利用して、メールの本文に「○○さん　申請が承認されました。」と表示しました。

実習5-1で同様の表示を実現したい場合、フローに「Office 365ユーザー」コネクタの「ユーザープロフィールの取得（V2)」アクションを追加し、ユーザー（UPN）パラメーターに「Responders' Email」を設定します。この設定により、Formsのフォームに回答を送信したユーザーアカウントのプロフィール情報を動的コンテンツとして利用可能になり、動的コンテンツの「表示名」を使用できます。

図5-15 「Office 365ユーザー」コネクタ

実習 5-3

申請ファイルを利用して自動化する

実習5-3では、申請ファイルを利用した申請・承認プロセスを自動化します。申請ファイルがSharePointのライブラリに保存されたら、申請が開始されるようにします。

実習の準備

今回のトリガーは、「SharePointに申請ファイルがアップロードされたとき」です。申請ファイルをアップロードするために、SharePointのサイトにライブラリを作成しておきます。SharePointのサイトを作成する方法はP.149を、ライブラリを作成する方法はP.190をそれぞれ参考にしてください。

図5-16 SharePointサイトに作成した「出張申請ファイル」ライブラリ

Lesson1 SharePointのトリガーとパラメーターを設定する

SharePointのライブラリに出張申請ファイルがアップロードされると、申請・承認プロセスが開始するフローを作成するため、SharePointのトリガーを設定します。

SharePointのトリガーを作成する

まず、Power Automateを起動し、左側に表示されるメニューから［＋作成］をクリックし、［自動化したクラウドフロー］をクリックしましょう（P.88参照）。

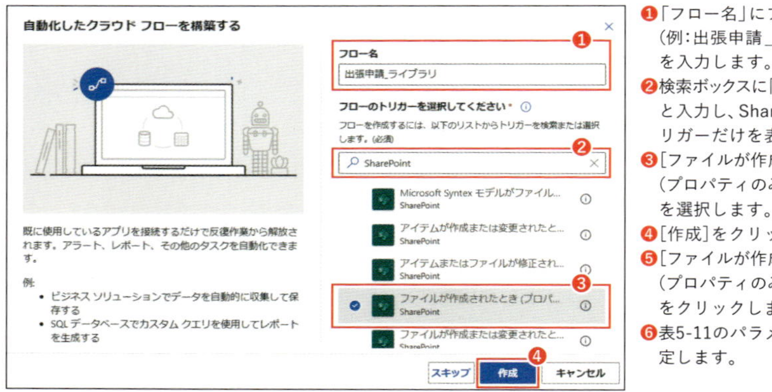

❶「フロー名」にフローの名前（例：出張申請_ライブラリ）を入力します。
❷検索ボックスに「SharePoint」と入力し、Share Pointのトリガーだけを表示します。
❸［ファイルが作成されたとき（プロパティのみ）］トリガーを選択します。
❹［作成］をクリックします。
❺［ファイルが作成されたとき（プロパティのみ）］トリガーをクリックします。
❻表5-11のパラメーターを設定します。

表5-11 「ファイルが作成されたとき（プロパティのみ）」トリガーのパラメーター

パラメーター	設定する内容
サイトのアドレス	実習の準備で作成したサイトをリストから選択
ライブラリ名	実習の準備で作成した「出張申請ファイル」ライブラリを指定

Lesson2 ファイルのアップロードをスマートフォンに通知する

実習5-1と実習5-2では、申請が行われた際の承認者への通知や申請者への承認結果の連絡に、「Office 365 Outlook」コネクタの「メールの送信 (V2)」アクションを利用しました。

実習5-3では、メールの代わりにスマートフォンへのプッシュ通知を利用します。

「モバイル通知を受け取る」アクションを追加する

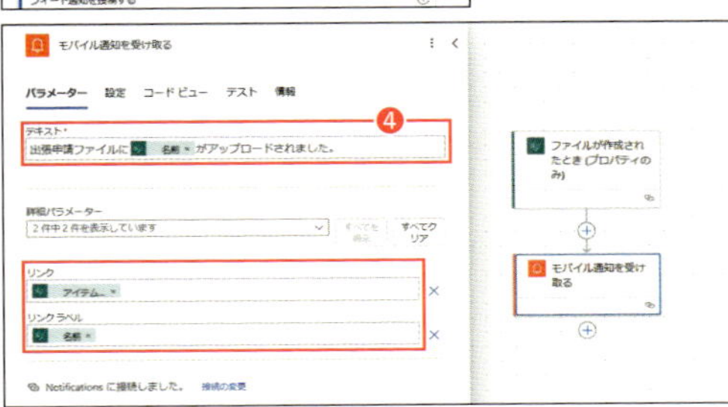

❶「ファイルが作成されたとき(プロパティのみ)」トリガーの次にアクションを追加します(画像省略)。
❷検索ボックスで「通知」と検索します[5]。
❸「通知」コネクタの、「モバイル通知を受け取る」アクションをクリックします。
❹「モバイル通知を受け取る」アクションのパラメーターを表5-12のように設定し、フローを保存します。

表5-12 「モバイル通知を受け取る」アクションのパラメーター

パラメーター	設定する内容	説明
テキスト	「出張申請ファイルに」と入力した後、「ファイルが作成されたとき（プロパティのみ）」トリガーの動的コンテンツから「名前」を選択。その後「がアップロードされました。」と入力	プッシュ通知に表示する文字列を指定
リンク	「ファイルが作成されたとき(プロパティのみ)」トリガーの動的コンテンツから「アイテムへのリンク」を選択	通知の詳細に表示されるリンクのURLを指定
リンクラベル	「ファイルが作成されたとき(プロパティのみ)」トリガーの動的コンテンツから「名前」を選択	通知の詳細に表示されるリンクの文字列

5 「通知」コネクタが検索されない場合は、「ランタイム」を「標準」に設定し、一覧から「通知」コネクタを探してください。

Lesson3 作成したフローをテスト実行する

作成したフローが正しく動作することを確認するために、フローをテスト実行します。

作成したフローをテスト実行する

❷までの手順は実習5-1のLesson3と同じです（P.140参照）。

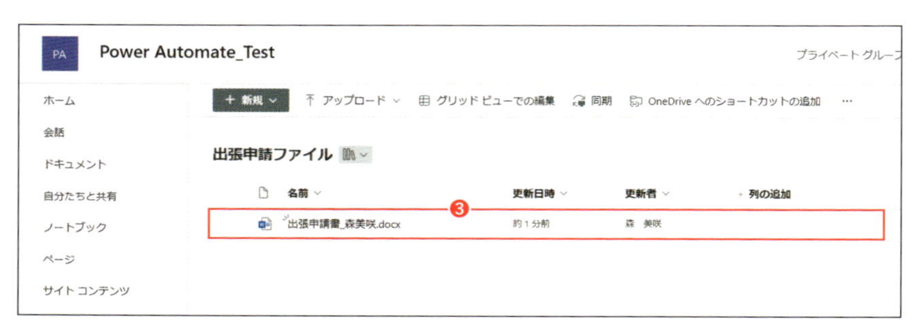

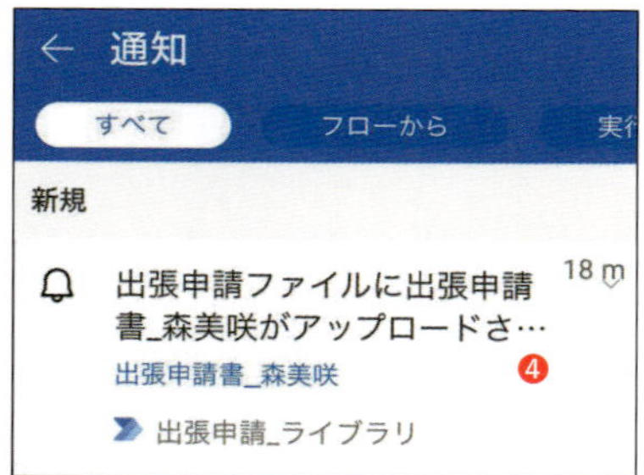

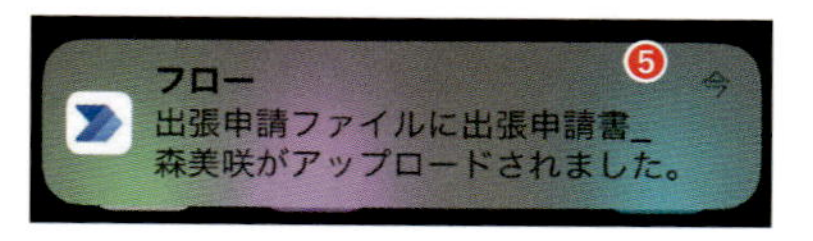

❶［テスト］をクリックし、「フローのテスト」で「手動」を選択し、［テスト］をクリックします。
❷画面上部に、「今すぐ動作を確認するには、開始操作を実行してください。」とメッセージが表示されます。
❸SharePointのライブラリ（出張申請ファイル）に、出張申請書ファイルをアップロードします。
❹スマートフォンに通知が表示されることを確認します。
❺スマートフォンにインストール（P.31参照）したPower Automateアプリの通知に、プッシュ通知の内容が表示されていることを確認します。

「テスト」について押さえるべきポイント

本章の各実習では、かなり丁寧にテストを行いました。テストは作成したフローを試してみるステップで、自動化を安全に行う上で非常に重要なステップです。Power Automateのフローが完成したら、運用環境で本番利用する前に作成したフローを一定期間試用することをオススメします。

図5-17 クラウドフロー作成の5つのステップ(再掲)

1	計画	対象業務の見える化 (対象となる人・目的・時期・理由)
2	設計	新しい自動化プロセスを「紙の上で」設計し、さまざまな自動化方法を検討
3	作成	Power Automate フローの作成
4	テスト	作成したフローの試用
5	展開と改良	運用環境でのフローの試用開始 改良できるプロセスの特定・変更・追加

この節では、テストを行う上で重要なポイントをまとめてご紹介します。

エラーの通知を受け取る

作成時には動いていたフローが、環境の変化などにより試用期間中に正しく動かなくなってしまうことがあります。例えば、フローで利用されていることを知らずに、メールアドレスの変更や削除が行われ、次のアクションに進めずエラーになってしまっているようなケースです。このように、作成したフローが正しく動いていないときには、エラーが発生していることがメールで通知されます[6]。

6 クラウドフローのトラブルシューティングについて
https://learn.microsoft.com/ja-jp/power-automate/fix-flow-failures

図5-18 エラーが発生した際に送付されるメール

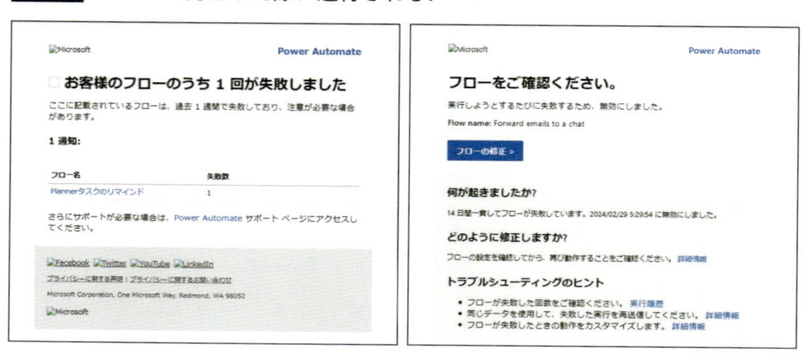

実行履歴でエラーの情報を確認する

作成したフローが正しく動いていないことに気づいたら、フローの実行履歴を確認し、いつ実行された、どのアクションが失敗したのかエラーの詳細を確認します。

エラーの詳細を確認する

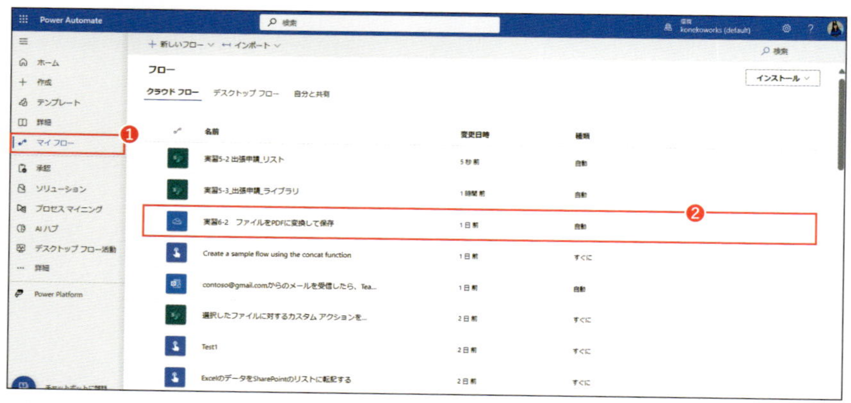

❶[マイフロー]をクリックします。
❷該当するフローをクリックし、フローの詳細を表示します。

❸実行履歴の中から、失敗している履歴の発生日時をクリックします。

❹エラーが発生したアクションには、「！」が表示されます。エラーが発生しているアクションをクリックし、エラーの詳細を確認します。

エラーの原因を特定する

エラーメッセージには、アクションが失敗した原因が書かれているので、その情報を元に修正方法を想定し、フローを修正します。

エラーの原因を特定する際には、さまざまな観点でエラーを分析することが重要です。例えば、以下のような観点です。

・いつエラーが発生しているか？
・そのエラーは繰り返して発生しているか？
・いつも同じアクションで失敗しているか？
・エラーを起こしているアクションの入力データと出力データは正しいか？
・エラーが発生した際、利用しているクラウドサービス自体で障害が発生していないか？　など

エラー処理をフローに実装する

「テスト」には、正常系と異常系の2つの考えがあります。

正常系(テスト)……想定内の（有効な）入力・環境に対する動作の確認
異常系(テスト)……想定外の（無効な）入力・環境下での動作の確認

プログラムを開発する際は、「異常系」でも適切で安全な動作を行うことを保証するために、「例外処理（エラー処理)」をプログラムにあらかじめ組み込んでおきます。

Power Automateにおける避けられない「異常系」のひとつとして、クラウドサービスの障害発生によってフローの実行が失敗してしまうことがあります。Power Automateのフローでもアクションが失敗したときの処理をフローに組み込んでおくことが大切です（詳細は実習7-1)。

再試行ポリシーの設定を変更する

Power Automateでは、フローのアクションが失敗すると、自動的に再試行を繰り返すように「再試行ポリシー」が設定されています。再試行ポリシーが適用されるのは、状態コード「428」「429」「500番台」の障害になります。

表5-13 再試行ポリシーが適用される状態コード

状態コード	状態	原因の例
428	Precondition Required	サービスの要求に前提条件が不足している
429	Too Many Requests	一定時間内のアクセス数が多すぎる
500	Internal Server Error	アクションの接続先でエラーが発生している
501	Not Implemented	一部の要求の操作が実装されていない
502	Bad Gateway	接続先の「接続」に問題が発生している
503	Service Unavailable	接続先のサービスが一時的に利用不可

再試行ポリシーの設定は、既定では「既定値」に設定されています。既定値の場合、アクションに失敗した際、4回の再試行が行われます。2回目の再試行も失敗した場合、アクションの実行が失敗したと判断されます。

多くの場合、既定の設定を変更する必要はありません。ただし、失敗頻度が高いアクションの場合、再試行回数を増やすことで、運用時のアクションの失敗を回避できることもあるので、そのようなことが想定される場合は、再試行ポリシーを変更して状況を確認します。

再試行ポリシーの設定を変更する

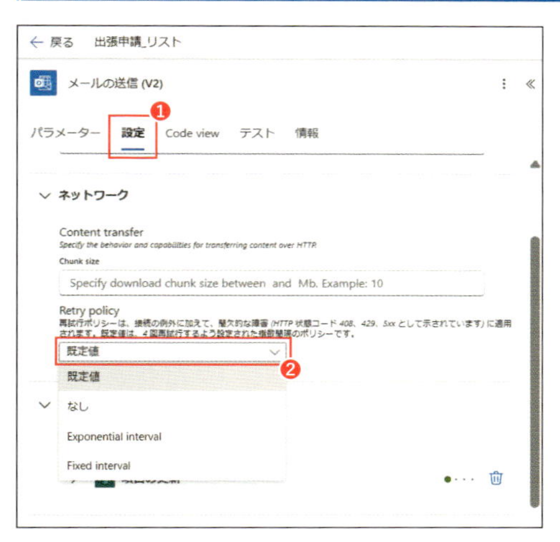

❶再試行ポリシーを変更したいアクションをクリックし、[設定]タブをクリックします。
❷「Retry policy」[7]の設定値を、表5-14のように変更します。

表5-14「再試行ポリシー」の設定値

<table>
<tr><th>値の種類</th><th colspan="3">説明</th></tr>
<tr><td>既定値</td><td colspan="3">4 回再試行する</td></tr>
<tr><td>なし</td><td colspan="3">再試行を行わない</td></tr>
<tr><td>Exponential interval（指数間隔）</td><td rowspan="2">最大で指定した回数（最大 90 回）まで再試行を行う</td><td>試行間隔は試行回数を重ねるごとに長くなる</td><td>指数間隔</td></tr>
<tr><td>Fixed interval（固定間隔）</td><td>試行間隔は常に一定</td><td>固定間隔</td></tr>
</table>

7 「Retry policy」は「再試行ポリシー」などの表記になっている場合もあります。

「実行条件の構成」を利用する

Power Automateのフローでは、「アクション」の「実行条件の構成」を利用すると、1つ前のアクションの実行結果に応じて、アクションを実行するかしないかを設定することができます。「実行条件の構成」を利用することで、特定のアクションが失敗した場合のみ実行されるアクションをフローに追加することができます（ここでは設定方法を紹介し、7章の実習7−1で「実行条件の構成」を利用したフローを作成します）。

「実行条件の構成」を利用する

❶「実行条件の構成」を利用したいアクションをクリックし、[設定]タブをクリックします。

❷「Select actions」内にある、該当するアクションで、1つ前の実行結果を選択します。

第6章

探す時間をゼロにする！
ファイル管理の自動化

デジタル化が加速する中、増え続けるデータの運用・管理をどうするかは、業務改善を考える上で必要不可欠です。第6章では、データの管理方法のひとつである「ファイル」に関する処理を自動化し、データの一元管理と業務効率化の向上を実現します。

本章の目標

- メールの添付ファイルをクラウドストレージに保存できるようにする
- ファイルをPDF変換してクラウドストレージに保存できるようにする
- Excelのデータを SharePoint のリストに転記する方法を理解する

ファイル管理自動化の「計画」と「設計」

データを効果的に活用し、組織の意思決定の高速化や業務効率化を実現するためには、**データの品質（鮮度・精度・粒度）が確保された状態で、継続的にデータを維持・管理する仕組みが必要**です。このデータを維持・管理する仕組みのひとつに、ファイルシステムがあります。

ファイルによるデータ管理には、「作成者の意図する内容でひとまとめにできる」「ファイル単位で簡単に他者へ共有できる」といった自由度の高さがあります。それがゆえに、PCやクラウドストレージ、メールの添付ファイルといった、さまざまな場所にファイルが点在しがちであり、ファイルの管理がかえって煩雑になることがあります。

そこで、第6章では、ファイルに関する処理をPower Automateで自動化する方法について考えていきます。

自動化の「計画」

日々の業務を振り返り、ファイルに対する具体的な作業を考えてみると、以下のようなものがあります。

- メールの添付ファイルをクラウドストレージに保存する
- 作成したファイルをPDFに変換する
- ファイルの修正を関係者に通知する
- 年度が切り替わったタイミングでファイルをアーカイブする
- 保存期日が過ぎたファイルを削除する　など

シゴトを「一連の流れ」として「見える化」する

ファイルに対する具体的な処理をファイルのライフサイクルで考えると、ファイルの生成から破棄まで、次の流れになります。

図6-1 ファイルのライフサイクル

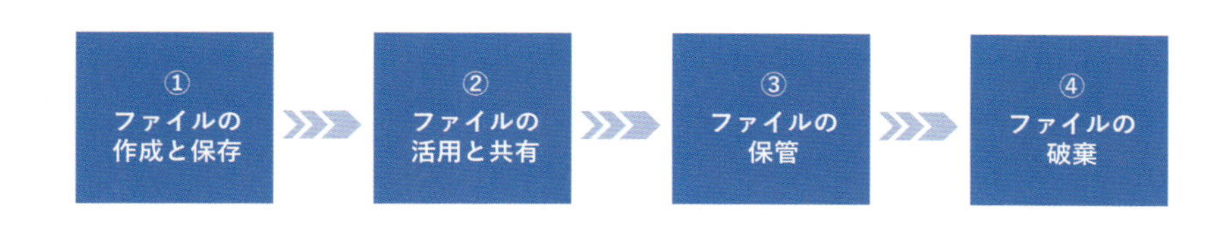

ファイルのライフサイクルが適切に回っていることは、業務改善において非常に重要です。例えば、クラウドストレージの登場により、容量を意識せずにファイルの保存ができるようになった一方で、不要なファイルの削除が行われなくなり、必要以上の運用コストがかかっている問題が発生しています。**自動化を考える際には、ファイルのライフサイクルのどの部分に関与するかを意識するとよい**でしょう。

①ファイルの作成と保存

ファイルに対する作業は、目的のファイルにアクセスすることから始まります。その際、検索機能を利用して目的のファイルを探すこともできますが、検索をせずに直接ファイルにアクセスする方が効率的であることは言うまでもありません。**ファイルを作成する際、組織の運用ルールや自身の管理ルールに基づいてファイルを保存するのは、ファイルを探しやすくするためです。**

新しく作成したファイルに限らず、メールで受け取った添付ファイルも、運用ルールに基づいて特定の場所に自動保存できれば、後からファイルを探しやすくなります。また、不要になったタイミングで削除するのも容易です。

そこで、実習6-1では、受信メールの添付ファイルをクラウドストレージの特定フォルダーに自動保存するフローを作成します。

図6-2 メールの添付ファイルを特定の場所に保存するワークフロー

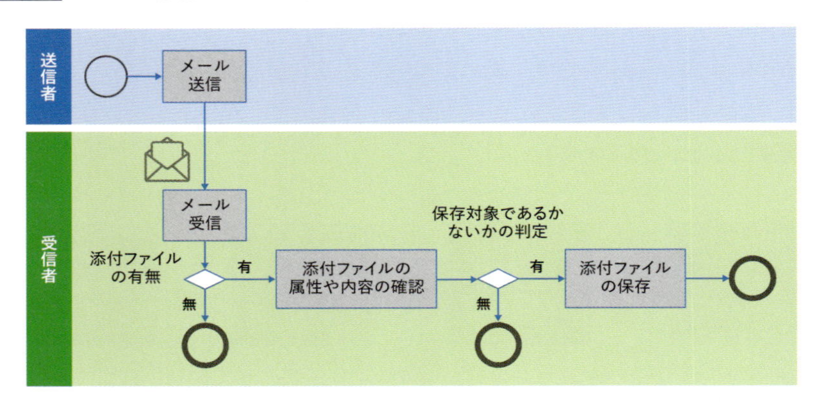

②ファイルの活用・共有

ファイルを誰かと共有する際には、「どのようなフォーマットで共有するか」をあわせて考える必要もあります。業務上のプロセスやデータの正当性を維持するには、少なくとも以下の3つを満たしていることが重要です。

- ルールに従い、プロセスが遵守されること
- プロセスが記録として保管されていること
- プロセスの証跡やデータが改ざんされていないこと

請求書や約款、申請書など、ファイルの内容を改ざんされたくない文書のフォーマットとして有名なのは、PDF形式です。

そこで、実習6-2では、作成したパワーポイントのファイル（～.pptx）をOneDriveにアップロードすると、PDF形式に変換されたファイルがSharePointのドキュメントライブラリに自動的に作成されるフローを作成します。

図6-3 ファイルをPDF変換するワークフロー

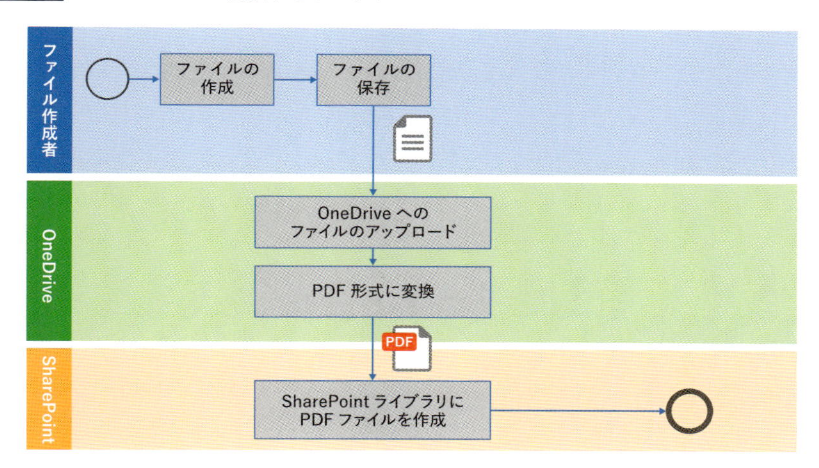

自動化したい業務を「文字化」する(自動化の効果を言葉で整理する)

繰り返しお伝えしているとおり、Power Automateによる自動化の検討は、既存の業務プロセスを大きく変更し、業務を見直す機会でもあります。

ファイルに関する処理の自動化を考える際、6W2Hの観点で見直すことをオススメしています。

表6-1 ファイルに関する処理を自動化する際のポイント

Why	対象データを記録として保管する必要があるのか?
What/How to	対象データを保管する場合、ファイル形式がよいのか?
Where	ファイルとして保存するのであれば、ファイルをどこに保存するのか?
When	ファイルはいつ作成され、いつまで保存する必要があるのか?
Who/Whom	ファイルは誰が作成し、そのファイルには誰がどのような権限でアクセスできる必要があるのか?
How much	ファイルの保持に費用がいくらかかるのか?

従来の方法や既知のサービスにとらわれずに業務改善を考えるためには、「何のために必要なのか?」「何が実現できていればよいのか?」を整理することが重要であり、このとき必要なスキルが、第2章で紹介した「コンセプチャルスキル」です(P.50参照)。**場合によっては、従来のファイルでデータ管**

理を行うより、ファイルを使用しない別のサービスに切り替えてから、自動化を考えた方がよいケースもあるかもしれません。

実習6-1では、受信メールに添付されたファイルを条件判定し、条件に合致した場合、特定のフォルダーに保存する処理を自動化します。目的別にファイルを一元管理し、定期的にメンテナンスすることで、データの検索性向上や運用管理コストの削減につながります。

表6-2 実習6-1の言語化例

What(何を)	メールの添付ファイルをクラウドストレージに保存する作業を自動化する
Why(なぜ)	管理負荷とオペレーションミスを減らしたい
Who(誰が)	全社員
How to(どのように)	メールの添付ファイルを、OneDrive for Business に自動保存する
How many(どれくらい)	1 件 0.5 分× 1 か月 4 回×従業員（1000 名） ＝全社で実働約 4 日分の工数

実習6-2では、ファイルを自動的にPDF形式に変換し、SharePointのライブラリにアップロードするフローを作成します。PDF形式に変換すれば、ファイル作成者が意図しない改変を防止し、データの一貫性を保持することができます。

表6-3 実習6-2の言語化例

What(何を)	手動で行っている PDF 形式への変換作業を自動化する
Why(なぜ)	ファイル作成者の作業負荷とオペレーションミスを減らしたい
Who(誰が)	全社員
How to(どのように)	ファイルを SharePoint ライブラリにアップロードする際、自動的に PDF 変換されるようにする
How many(どれくらい)	1 件 1 分× 1 か月 8 回×従業員（1000 名） ＝全社で実働約 16 日分の工数

コラム

データの管理単位

コンピューターの登場により、紙で保管していた記録がデジタル化され、「ファイル」単位で保管できるようになりました。以降、ITの進化とともに、さまざまな管理単位でデータを保存するサービスやアプリケーションが登場しています。

図6-4 利用するサービスと情報の管理単位

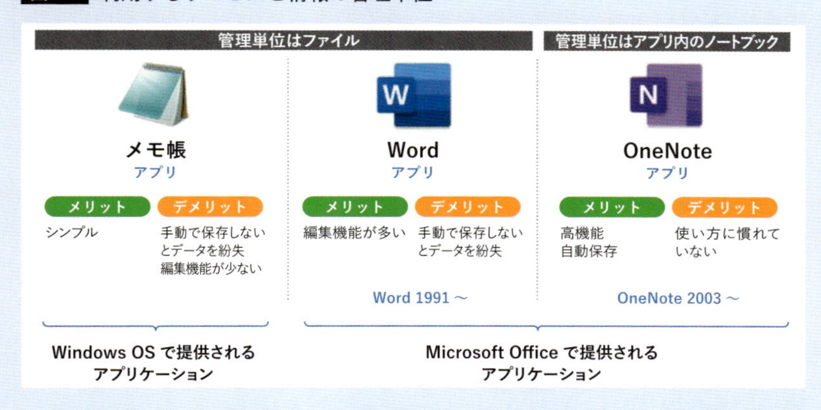

例えば、「メモ帳」と「Word」はデータをファイル単位で保存しますが、「OneNote」にはファイルの概念がありません。

ファイル以外でデータを管理するアプリケーションやサービスを利用する利点は、アプリケーションやサービス内で管理されているデータを探すことになるので、検索範囲が限定され、探しやすいといった点があります。

一方で、他者への共有がアプリケーションやサービスによって定義された単位（OneNoteであれば、ノートブック単位、ページ単位）であるため、考え方や使い方を知らないと、直感的に使えないといった課題があります。

Power Automateで利用するサービスを検討する際、データ管理の観点から、ファイルでデータを管理するサービスを利用するか、ファイル以外の概念でデータを管理するサービスを利用するかを検討するとよいでしょう。

自動化の「設計」

ファイルに関する処理の自動化を設計する場合は、図6-1の「ファイルのライフサイクル」(P.175参照) で、どのフェーズの自動化にあたるかを整理しながら行うとよいでしょう。

クラウドフローで自動化する範囲を決める

実習6-1は、ファイルのライフサイクルで考えると、②「ファイルの共有」をトリガーに、③「ファイルの保管」を自動化します。

誰かが作成したファイルの共有方法として、よく利用されるのがメールの添付ファイルです。実習6-1では、受信メールにファイルが添付されているかどうかを判断し、ファイルが添付されている場合は、添付ファイルの属性を判定し、特定の場所 (OneDrive for Business) に保存するフローを作成します。

図6-5 実習6-1で自動化する範囲

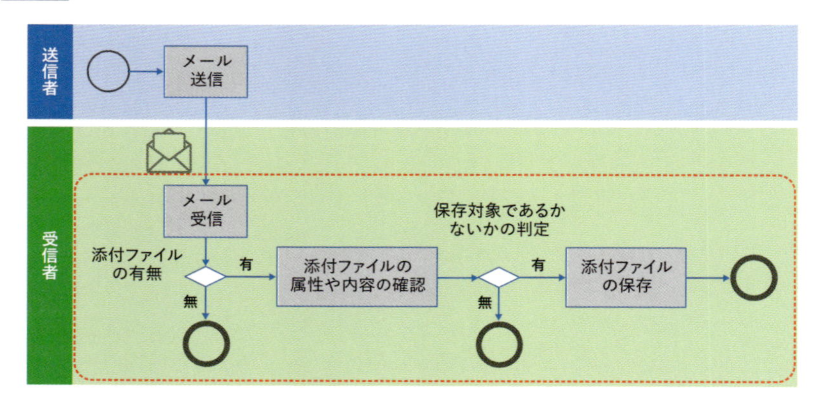

実習6-2は、ファイルのライフサイクルで考えると、①「ファイルの保存」をトリガーに、③「ファイルの保管」でPDF変換する処理を自動化します。実習6-2では、ファイルの作成者が自身のOneDrive for Businessにファイルを保存すると、自動的にSharePointライブラリにアップロードされ、PDFに変換されるフローを作成します。

図6-6 実習6-2で自動化する範囲

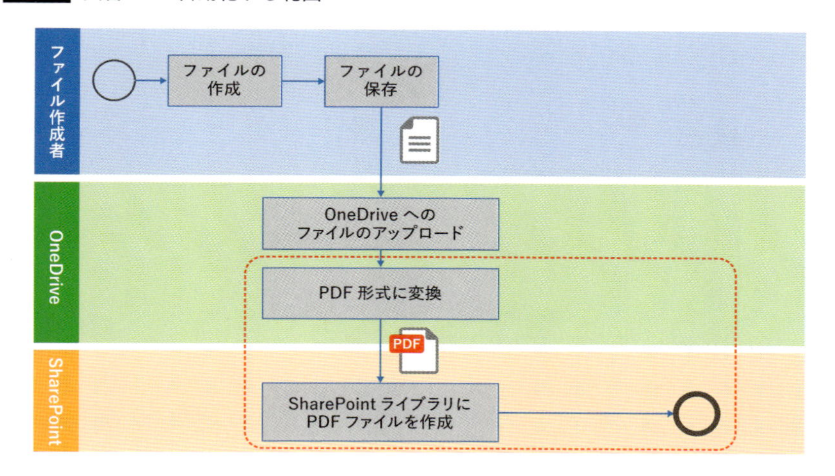

利用するサービスの組み合わせを決める

OneDrive for Businessは、自分が作成したファイルの保存に加え、アクセス権を設定したユーザーに対して、ファイル共有や共同作業が行えるオンラインストレージです。最近は、組織内や特定の顧客の間では、OneDrive for Businessのような共通で利用可能なクラウドストレージを利用してファイル共有するケースも増えてきましたが、そのようなケースを除くと、メールの添付ファイルとして共有することが一般的です。

そこで、**自分が管理するすべてのファイルをOneDrive for Businessで一元管理する**ため、メールの添付ファイルを自動的にOneDrive for Businessにアップロードするフローを実習6-1で作成します。

OneDrive for BusinessとSharePointはどちらもファイルを共有可能ですが、OneDrive for Businessは個人間での利用を対象としているサービスです。一方、SharePointは、情報共有やファイル共有を目的とした、複数ユーザーでの利用を対象としているサービスです。

サービスの基本コンセプトを理解し、最適な組み合わせになるよう、実習6-2では、自分が作成したファイルはOneDrive for Businessに、複数ユーザーに共有するファイルはSharePointに作成します。

図6-7 実習6-1と実習6-2のイメージ

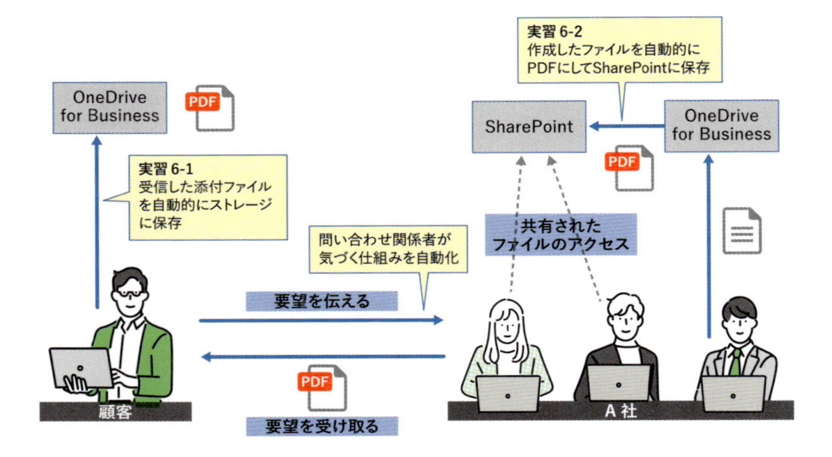

業務の「プロセス」と「データ」の関係性を明確化する

Power Automateでは、フローで利用するサービスにサインインしているユーザーの権限で、サービスを利用します。ファイルに関する処理を自動化する場合、ファイルの保存先であるサービスに対してアクセス権があることを確認しておきましょう。

また、ファイルのライフサイクルの課題として、不要なファイルをいつ削除するのかという点も重要です。例えば、法律で保存期間が決まっている文書ファイルについては、法定保存期間を過ぎたら、組織のルールに則って速やかに処理し、ライフサイクルを管理する必要があります。不要な文書を持ち続けることは、リスクかつコストになりますので、組織のルールが決まっているのであれば、ファイルの削除についても、自動化を検討するとよいでしょう。

実習 6-1

添付ファイルをクラウドストレージに自動保存する

受信メールの添付ファイルをクラウドストレージで一元管理する場合、添付ファイルのアップロードは、1回1回が短時間であるため、多くの場合、手動で行われています。**1回の作業が短時間であっても、繰り返し行う作業を自動化することで、時間を生み出したり、オペレーションミスを減らしたりできます。**

実習6-1では、メールの添付ファイルを指定した場所に自動保存するフローを作成し、ファイル管理業務を効率化します。

実習の準備

この実習で作成するフローのアクションでは、OneDrive for Businessの特定フォルダーにファイルを保存します。そこでフローを作成する前に、OneDrive for Businessにフォルダーを作成しておく必要があります。

今回は、A社から定期的に送られてくる製品カタログファイル（PDF形式）を保存することを想定し、「2024_A社製品カタログ」フォルダーをOneDrive for Businessに作成します。

図6-8 OneDrive for Businessに作成したフォルダー

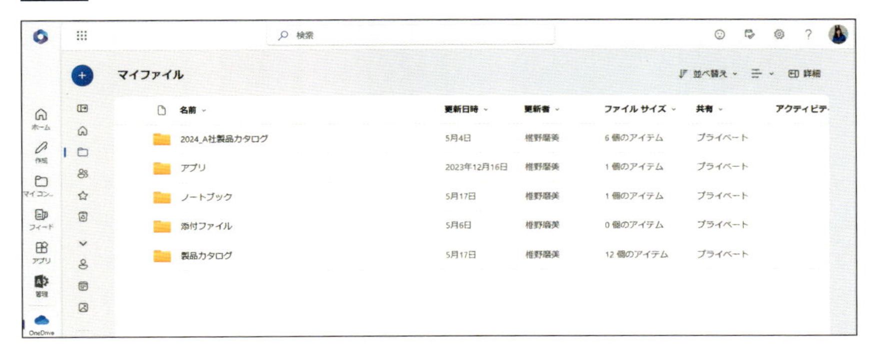

Lesson1 メールの添付ファイルをOneDriveに保存する

Lesson1では、Power Automateのテンプレートを利用して、Outlookで受信したメールの添付ファイルを、OneDrive for Businessの指定されたフォルダーに保存するフローを作成します。

テンプレートを利用する

❶Power Automateを起動し、左側に表示されるメニューから[テンプレート]をクリックします。

❷検索ボックスに「Outlook OneDrive」と入力します。

❸[Office 365のメールの添付ファイルをOne Drive for Businessに保存する]テンプレートを選択します[1]。

❹「Office 365 Outlook」と「OneDrive for Business」の接続先を確認します。各サービスと接続が有効な場合、サービスごとに✓が表示されます。「サインイン」と表示されている場合は、[サインイン]をクリックします。

❺サインインを完了した後、[続行]をクリックします。

1 「Outlook.com」コネクタは、プライベートで利用するメールサービスです。業務で利用するMicrosoft 365のOutlookとは異なるため、注意してください。
「OneDrive」コネクタは、プライベートで利用するクラウドストレージサービスです。業務で利用するOneDrive for Businessとは異なるため、注意してください。

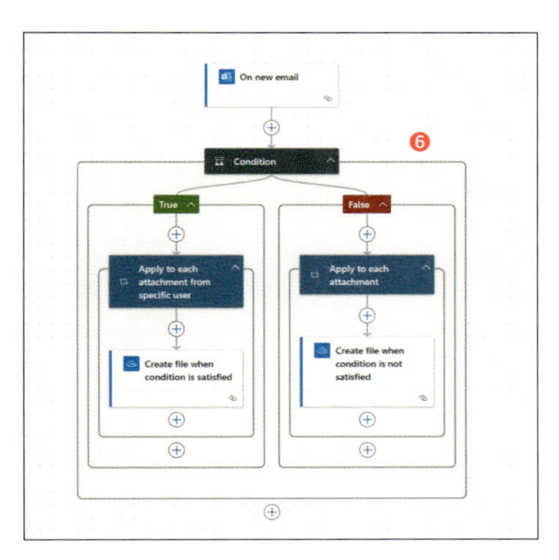

❻テンプレートによって作成されたフローが表示されます。

「Create file」アクションのパラメーターを変更する

テンプレートを利用してフローを作成した場合、各パラメーターには、既定の値が設定されています。必要に応じて、パラメーターの既定の値を変更しましょう[2]。

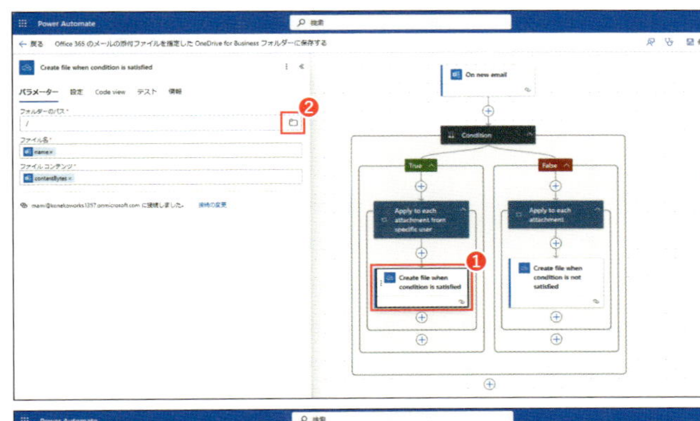

❶[Create file]アクションをクリックします。
❷パラメーターの「フォルダーのパス」の[フォルダーを開く]アイコンをクリックします。

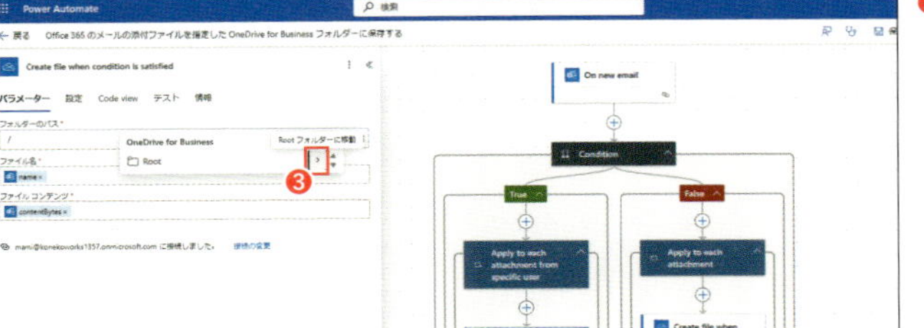

❸「Root」フォルダーの[Rootフォルダーに移動]アイコンをクリックします。

2 テンプレートによっては、意図的にパラメーターの値が未設定になっており、「正しくないパラメーター」エラーメッセージを表示させることで、必要なパラメーターの設定を促しているケースもあります。

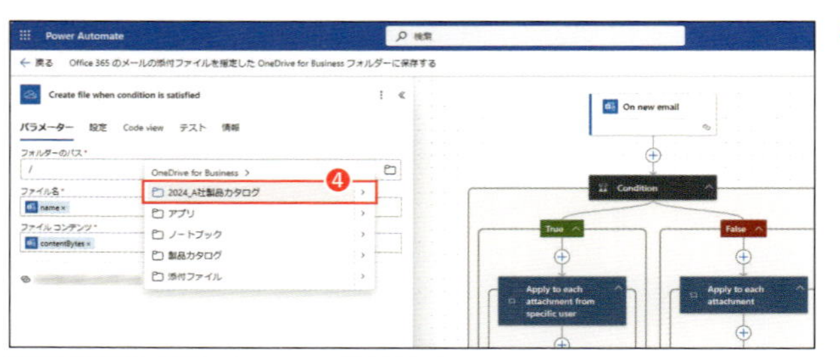

❹[2024_A社製品カタログ]をクリックします。

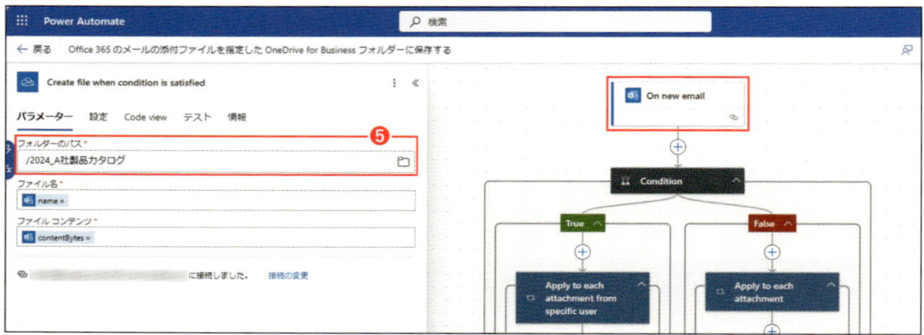

❺すると、「フォルダーのパス」にOneDrive for Business上のフォルダー(「2024_A社製品カタログ」)が設定されることを確認します。
❻[保存]をクリックしてフローを保存し、[テスト]をクリックして、手動でテストを実行します(画像省略)。

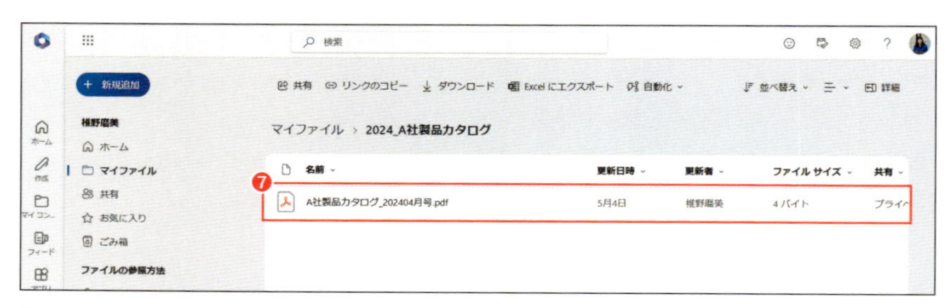

❼Outlookを開き、自分宛に添付ファイル付きのメールを送信します。OneDrive for Business上の「2024_A社製品カタログ」フォルダーにファイルが自動保存されていることを確認します。

Lesson2 条件によって保存ルールを変更する

ここまでの設定では、自分宛に届いたメールの添付ファイルがすべて同じフォルダーに保存されます。A社から送付されるカタログのみがフォルダーに保存されるよう、フローを変更します。

「On new email」トリガーのパラメーターを変更する

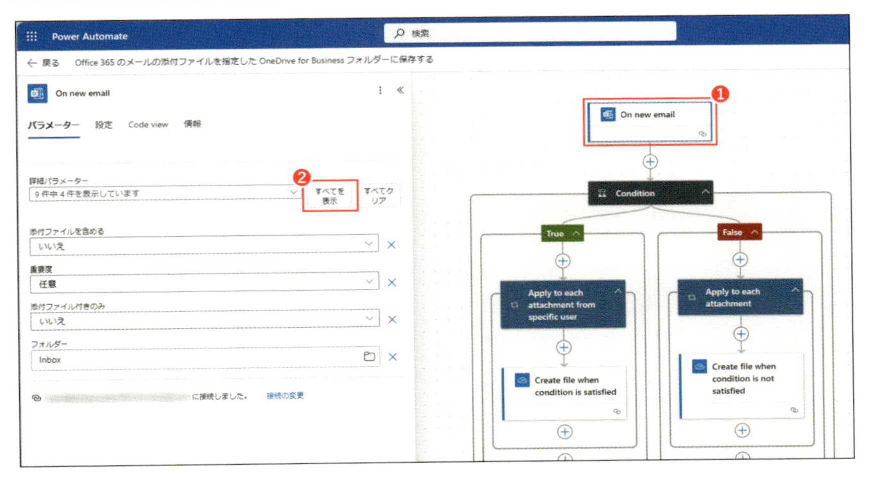

❶フローの編集画面を表示し、[On new email]トリガーをクリックします。
❷[すべてを表示]をクリックして、詳細パラメーターのすべてを表示します。

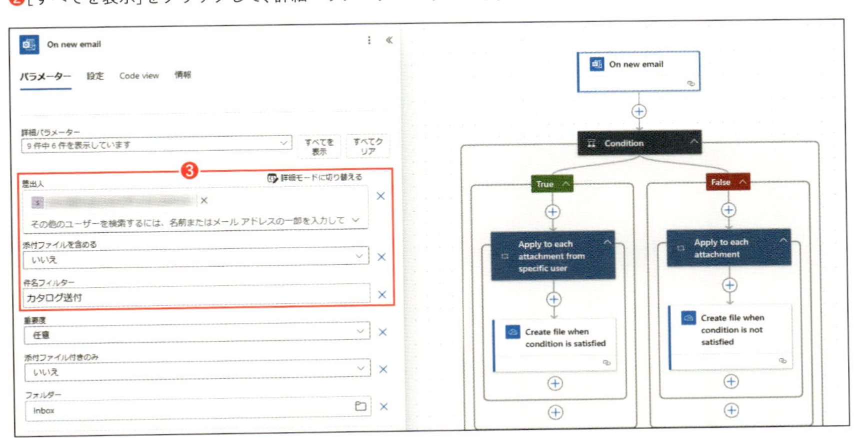

❸「差出人」のメールアドレスに特定のメールアドレス、「件名フィルター」に「カタログ送付」を設定します。その後、[保存]をクリックし、フローの変更を保存します。

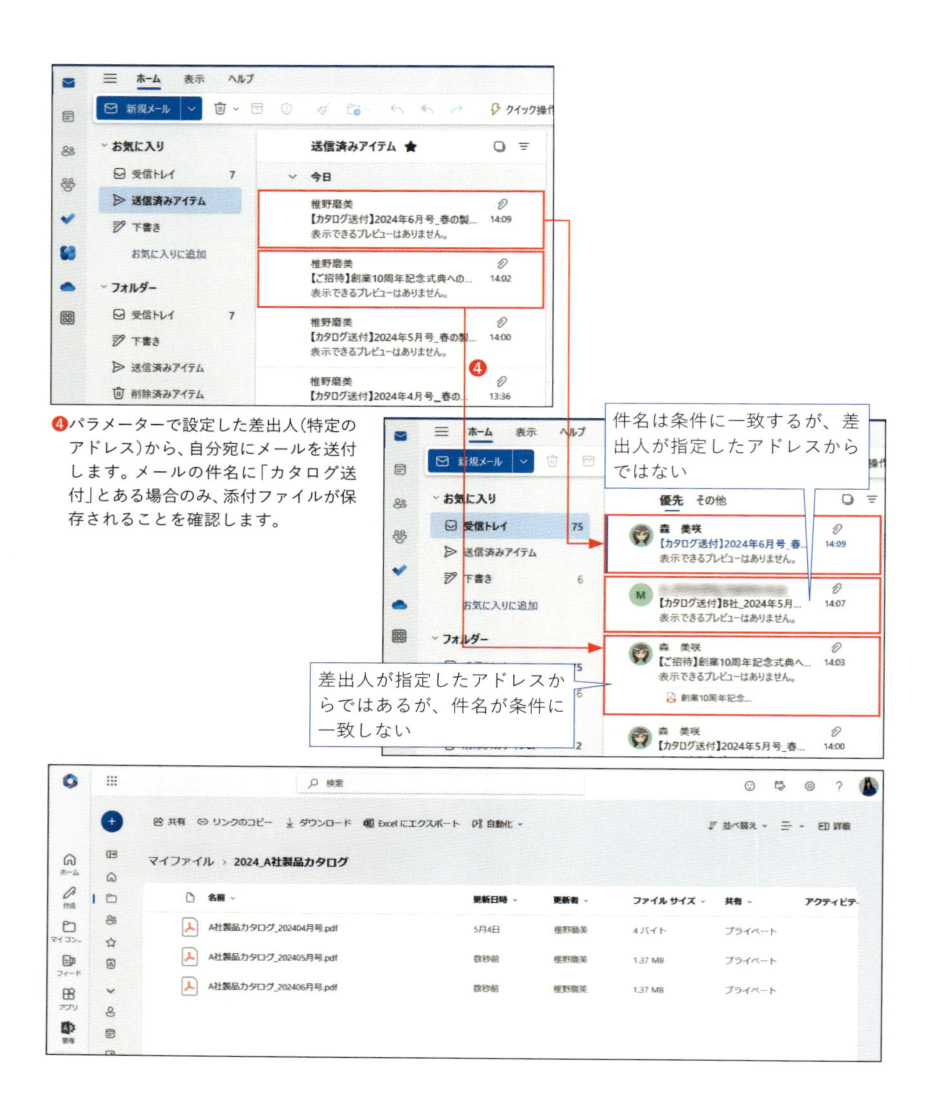

❹パラメーターで設定した差出人(特定のアドレス)から、自分宛にメールを送付します。メールの件名に「カタログ送付」とある場合のみ、添付ファイルが保存されることを確認します。

実習6-2

作成したファイルをPDFにして共有する

実習6-1では、添付ファイルを受信した側がクラウドストレージに自動保存する仕組みを作りました。実習6-2では、この添付ファイルの送付元である、A社の担当者が製品カタログを作成する際、完成したカタログファイルをOneDrive for Businessにアップロードすると、自動的にPDFに変換し、A社内のSharePointにコピーされ、社内共有できる仕組みを自動化します（P.182の図6-7参照）。

実習の準備

Microsoft 365が提供するサービスでPDF化するためには、事前にMicrosoft 365管理センターで「Adobe Acrobat for Microsoft 365」を統合アプリとして利用できるように設定しておく必要があります。実際に適用してから利用できるようになるまで時間がかかるので注意しましょう[3]。

図6-9 Microsoft 365管理センター

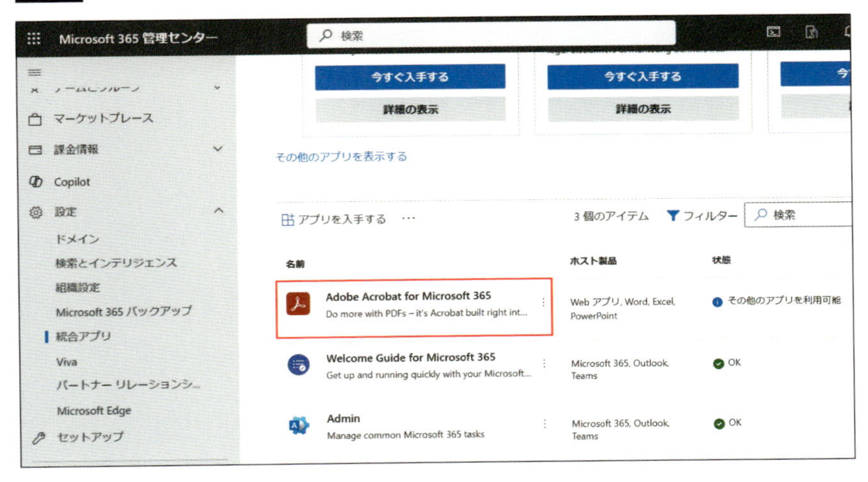

3　https://helpx.adobe.com/jp/sign/integrations/microsoft-365.html

OneDrive for Businessにフォルダーを作成する

今回のフローのアクションでは、OneDrive for Businessの特定フォルダーにファイルを保存する必要があることから、OneDrive for Businessにフォルダーを作成します。

今回は、OneDrive for Businessに「製品カタログ」フォルダーを作成します。

図6-10 OneDrive for Businessに作成したフォルダー

SharePointにライブラリを作成する

OneDrive for Businessの特定フォルダーに保存されたファイルをPDFに変換してSharePointサイトのライブラリで公開するため、SharePointサイトに「2024年製品カタログ」ライブラリを作成します。

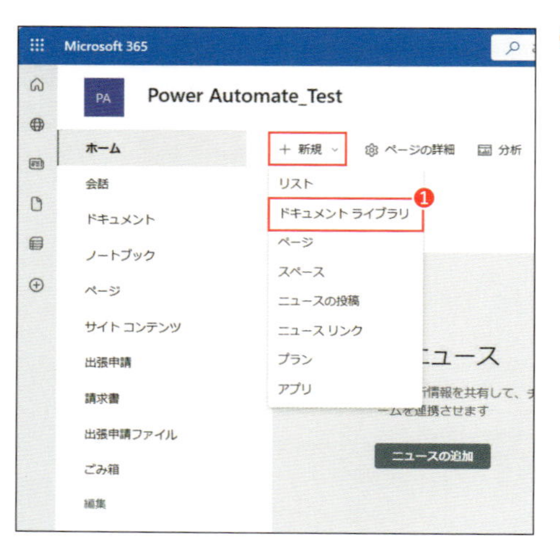

❶検証用に作成したSharePointサイトで[＋新規]の[ドキュメントライブラリ]を選択します。

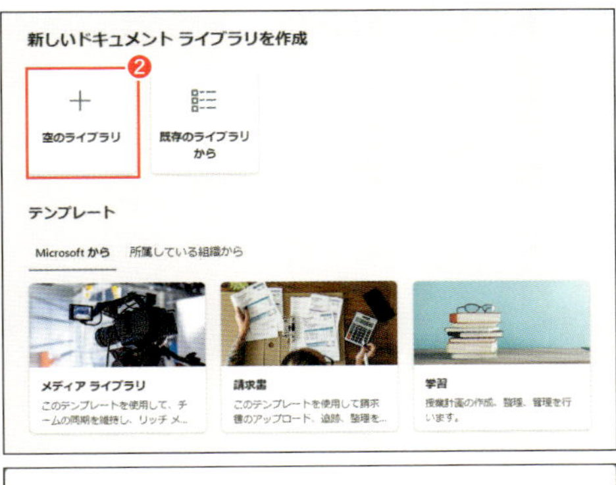

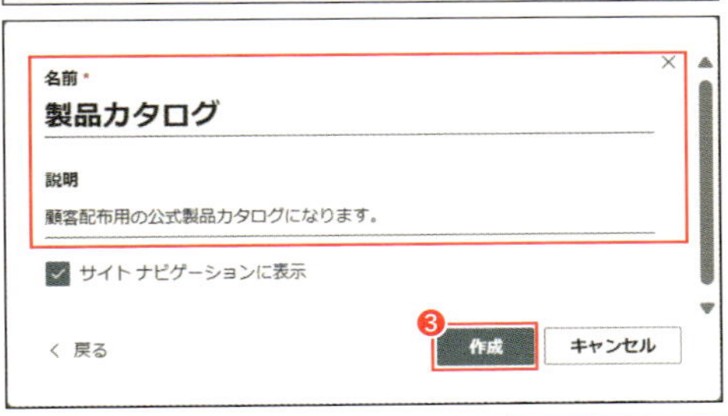

❷「新しいドキュメント ライブラリを作成」で[空のライブラリ]をクリックします。
❸「名前」「説明」に情報を入力し、[作成]をクリックします。
❹SharePointにライブラリが作成されます。

Lesson1 PDFに変換してSharePointに公開するフローを作成する

OneDrive for Businessにファイルが作成された際、そのファイルをPDFに変換し、SharePointのドキュメントライブラリに公開するフローを作成するため、「自動化したクラウドフロー」を作成します。

「ファイルが作成されたとき」トリガーを作成する

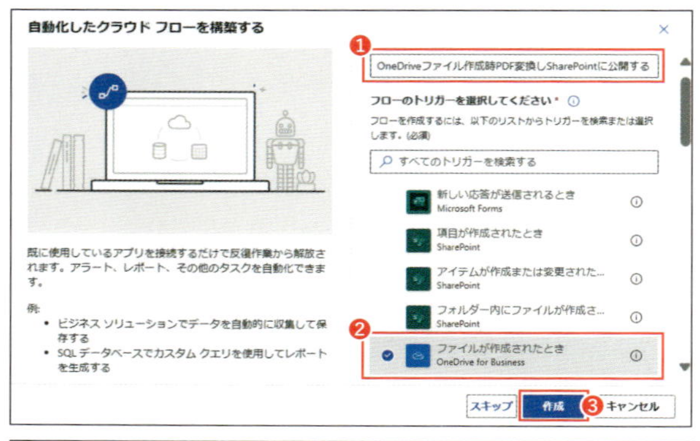

❶「フロー名」に任意のフロー名を入力します。
❷トリガーとしてOneDrive for Businessの[ファイルが作成されたとき]を選択します。
❸[作成]をクリックします。

ファイルが作成されたとき
パラメーター　設定　コード ビュー　情報
フォルダー *
/製品カタログ
詳細パラメーター
2 件中 2 件を表示しています
すべてを表示　すべてクリア
サブフォルダーを含める
はい
コンテンツ タイプの推測
拡張機能に基づいてコンテンツ タイプを推測するブール値 (true、false)。
項目を確認する頻度
ファイルが作成されたとき

❹トリガーのブロックをクリックします。
❺表6-4のようにパラメーターを設定します。

表6-4 「ファイルが作成されたとき」トリガーのパラメーター

項目	設定する内容
フォルダー名	実習の準備で作成したフォルダー（ファイルをアップロードする OneDrive 上のフォルダー）
(詳細パラメーター) サブフォルダーを含める	はい

「パスを使用したファイルの変換」アクションを追加する

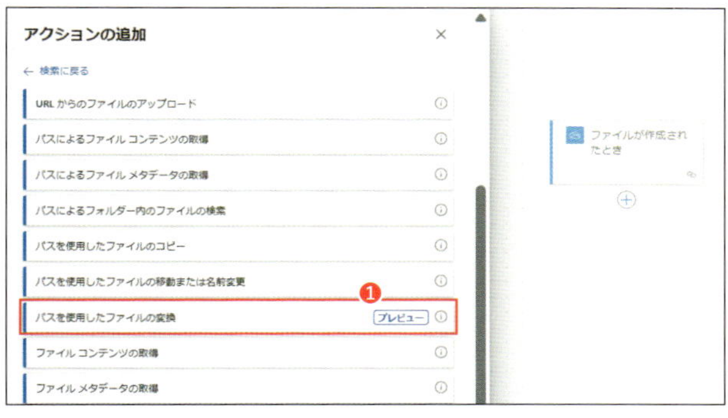

❶「OneDrive for Business」の「パスを使用したファイルの変換」アクションを追加します(スクロールが必要)。

メモ

アクション名に「プレビュー」と表示されているのは、このアクションがMicrosoftで現在も開発中であることを意味しています。今後の開発状況によって動作や仕様が変わる可能性もあるので、その点を理解した上で利用しましょう。

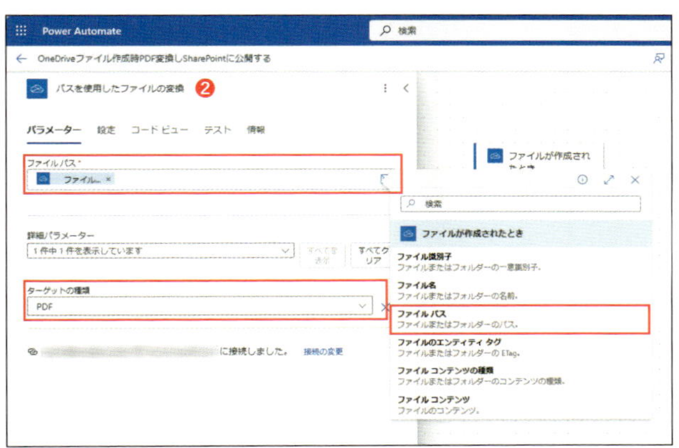

❷「パスを使用したファイルの変換」アクションのパラメーターを表6-5のように設定をします。

表6-5 「パスを使用したファイルの変換」アクションのパラメーター

項目	設定する内容
ファイルパス	「ファイルが作成されたとき」アクションの動的コンテンツから「ファイルパス」を選択
ターゲットの種類	PDF

SharePointの「ファイルの作成」アクションを追加する

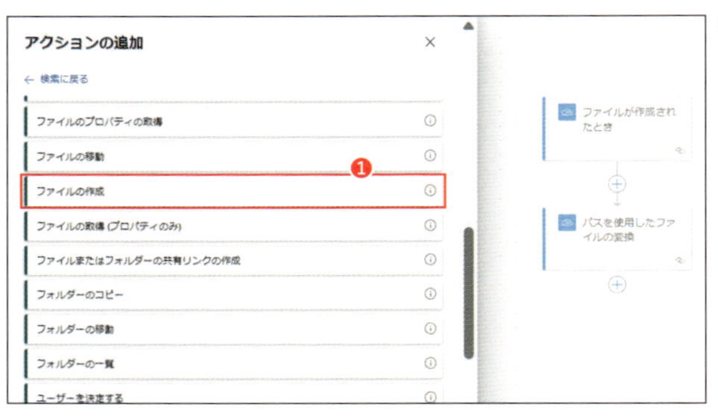

❶「SharePoint」の「ファイルの作成」アクションを追加します（スクロールが必要）。

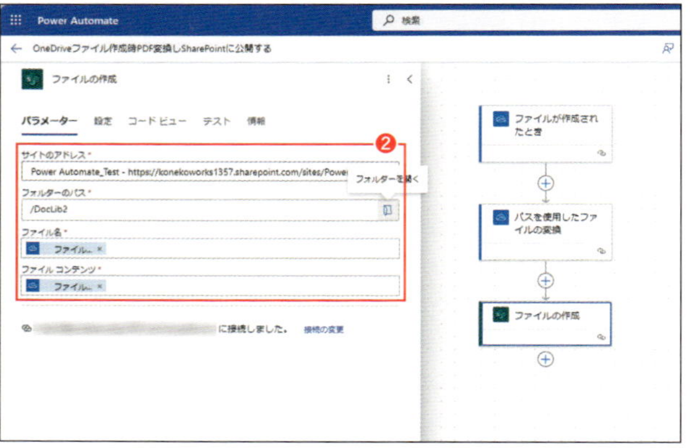

❷「ファイルの作成」アクションのパラメーターを表6-6のように設定します。

表6-6 「ファイルの作成」アクションのパラメーター

項目	設定する内容
サイトのアドレス	ファイルを作成するサイト ➡実習 6-2 の実習の準備で作成したライブラリがある SharePoint サイトを設定
フォルダーのパス	ファイルを作成するフォルダー ➡実習の準備で作成したライブラリのパス（P.195 のコラム参照）を設定
ファイル名	ファイル名を設定する ➡「パスを使用したファイルの変換」アクションの動的コンテンツ「ファイル名」を設定
ファイルコンテンツ	ファイルの内容を示すデータを指定する ➡「パスを使用したファイルの変換」アクションの動的コンテンツ「ファイルコンテンツ」を設定

フローをテストする

作成したフローを保存し、手動でテストを実行します。

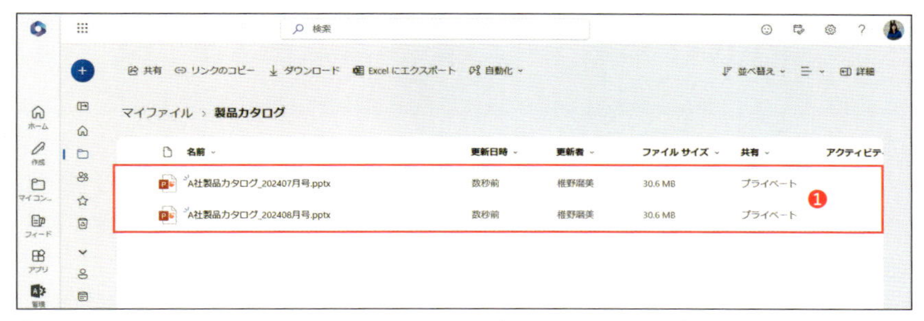

❶実習の準備で作成したOne Drive for Businessのフォルダーにファイルをアップロードします。

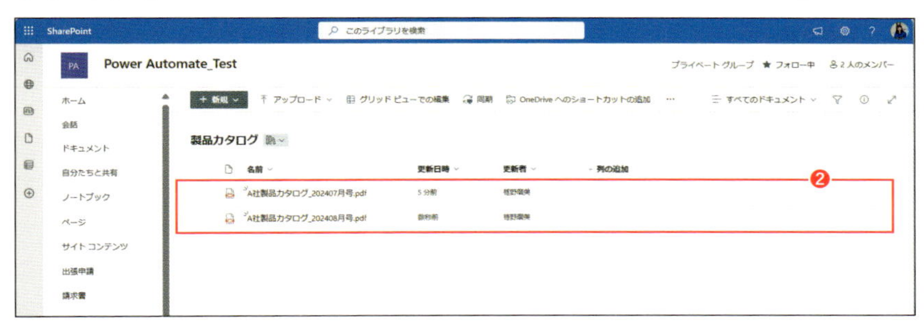

❷しばらくすると、SharePointライブラリにPDF変換されたファイルが作成されます。

コラム

フォルダーのパス

作成したドキュメントライブラリのフォルダーを正確に設定するには、保存先であるSharePointライブラリのURLを確認します。SharePointのURLの構成は以下のようになっています。

//(会社名)/(sitesまたはteams)/(サイト)/(ライブラリ)

https://konekoworks1357.sharepoint.com/sites/PowerAutomate_Test/DocLib2/Forms/AllItems.aspx

このライブラリを示す文字列が、フォルダーのパスの一覧に表示されています。

実習 6-3

Excelデータを SharePointに転記する

ファイルを使った承認申請管理でよくあるのは、承認済みの申請書が提出されると、業務担当者が申請情報を一覧管理するために、Excelで申請一覧を作成するといったパターンです。

このようなケースで、ファイルを利用しない方法（実習5-2 SharePointのリストを利用する方法）に切り替えたい場合、従来の方法で管理していたExcelデータを新しく管理するデータに統合するため、SharePointに転記する作業が必要になります。

こういった転記作業も、Power Automateを利用すると、簡単に自動化することができます。

実習の準備

Power AutomateのフローでExcelを利用する場合、Excelに記載されているデータを「テーブル」にする必要があります。以下の画面イメージを参考に、Excelファイルを作成します。

Excelファイルを利用するためにテーブルを定義する

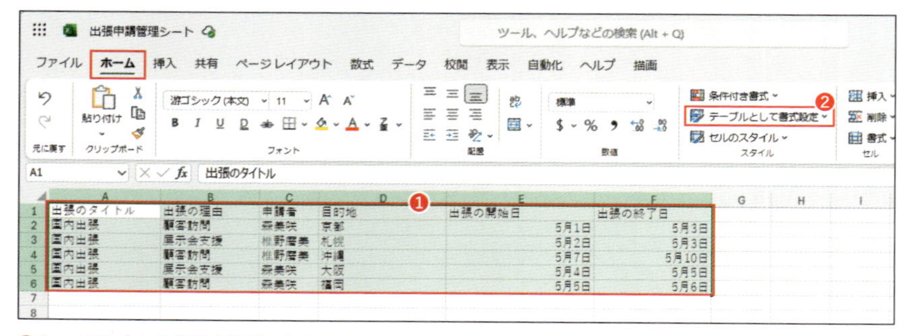

❶ Excelに入力した項目を選択します。
❷［ホーム］タブの［テーブルとして書式設定］をクリックします。

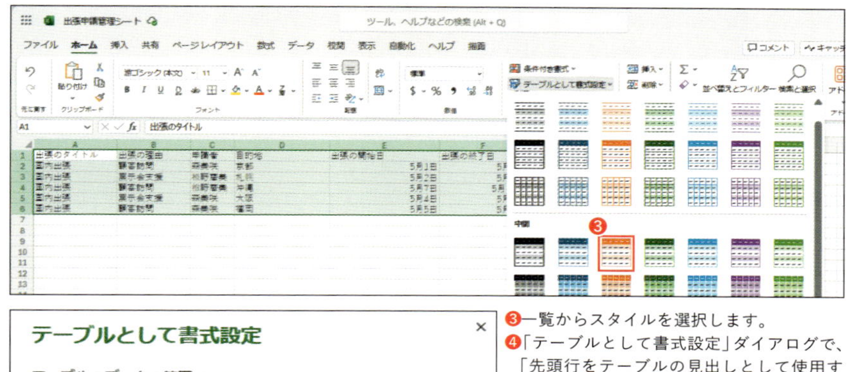

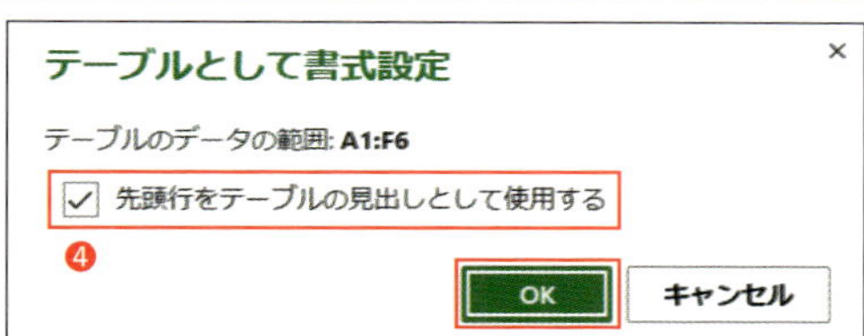

❸一覧からスタイルを選択します。

❹「テーブルとして書式設定」ダイアログで、「先頭行をテーブルの見出しとして使用する」にチェックが入っていることを確認し、[OK]をクリックします。

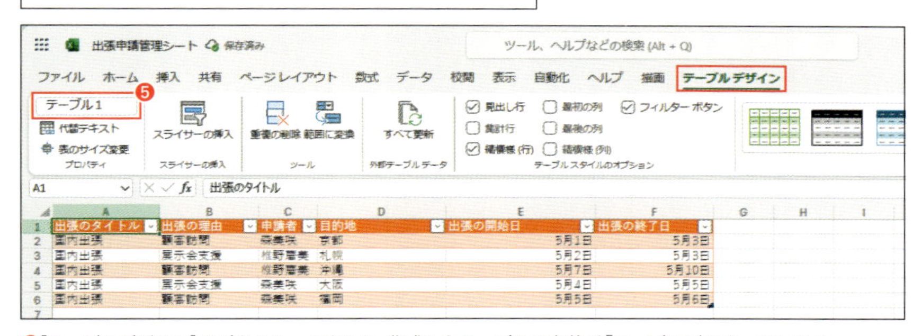

❺[テーブルデザイン]タブをクリックすると、作成したテーブルの名前が「テーブル1」となっていることを確認します（Power Automateからテーブルにアクセスする際、動的コンテンツでテーブル名を指定します）。

❻実習5-3で作成したSharePointの「出張申請ファイル」ライブラリに、テーブルを定義したExcelファイルをアップロードします。

SharePointのリストを作成する

Excelデータの転記先となる、SharePointのリストを用意します。ここでは、実習5-2で作成したSharePointの出張申請リスト（P.149参照）を利用するので、リストの作成を割愛します。

Lesson1 Excelデータを取得するインスタントクラウドフローを作成する

既存のExcelファイルのデータを任意のタイミングでSharePointのリストに転記するために、「インスタントクラウドフロー」を作成します（P.22参照）。

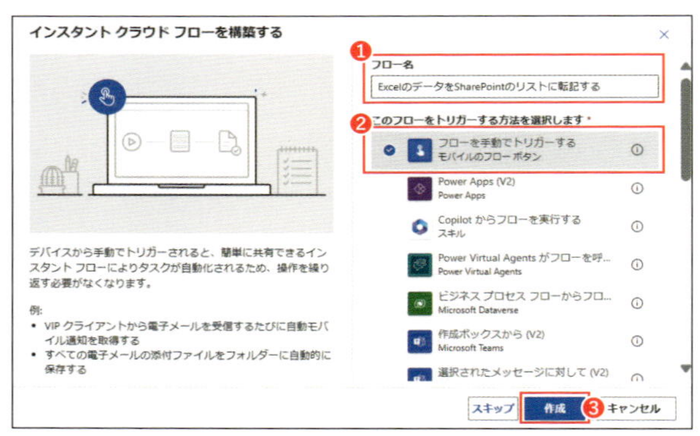

❶「フロー名」に任意のフロー名を入力します。
❷トリガーとして「フローを手動でトリガーする」を選択します。
❸[作成]をクリックします。

❹「Excel Online For Business」の「テーブルの取得」アクションを追加して、表6-7のようにパラメーターを設定します。

表6-7 「テーブルの取得」トリガーのパラメーター

項目	設定する内容
場所	対象のドキュメントライブラリが作成されているSharePointのサイト名 ➡実習5-3で作成したドキュメントライブラリがあるSharePointサイトを設定
ドキュメントライブラリ	Excelファイルを管理するSharePointのドキュメントライブラリ ➡実習5-3で作成したライブラリを設定
ファイル	ファイル名を設定 ➡ドキュメントライブラリに配置したExcelのファイル名を設定

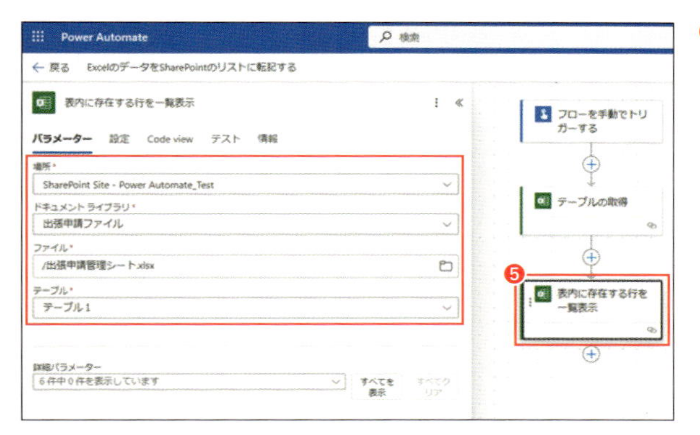

❺「Excel Online For Business」の「表内に存在する行を一覧表示」アクションを追加して、表6-8のようにパラメーターを設定します。

表6-8「表内に存在する行を一覧表示」アクションのパラメーター

項目	設定する内容
場所	対象のドキュメントライブラリが作成されている SharePoint のサイト名 ➡実習 5-3 で作成したドキュメントライブラリがある SharePoint サイトを設定
ドキュメントライブラリ	Excel ファイルを管理する SharePoint のドキュメントライブラリ ➡実習 5-3 で作成したライブラリを設定
ファイル	ファイル名を設定 ➡ドキュメントライブラリに配置した Excel ファイルを設定
テーブル	Excel ファイルで定義したテーブル名

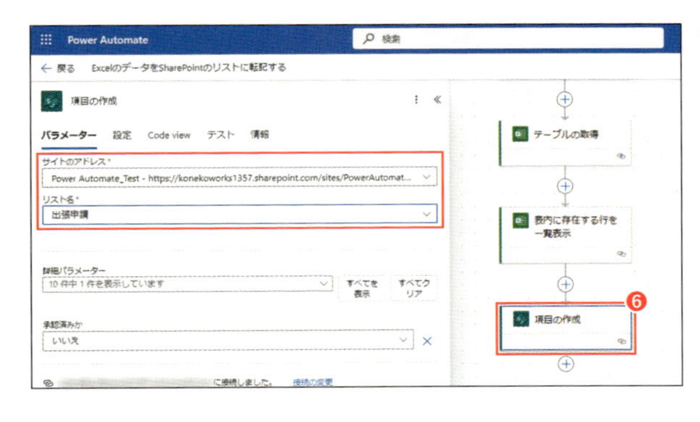

❻「SharePoint」の「項目の作成」アクションを追加して、表6-9のようにパラメーターを設定します。

表6-9「項目の作成」アクションのパラメーター

項目	設定する内容
サイトのアドレス	対象のリストが作成されている SharePoint サイトのアドレス ➡実習 5-2 でリストを作成した SharePoint サイトを設定
リスト名	SharePoint のリスト名を設定 ➡実習 5-2 で作成したリストを設定

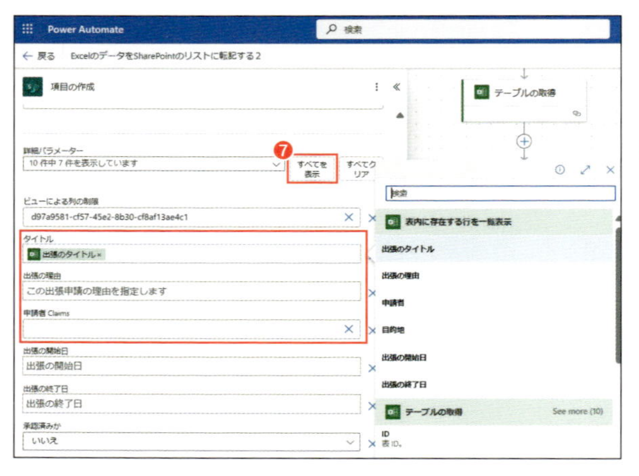

❼「項目の作成」アクションの「詳細パラメーター」の[すべてを表示]をクリックし、表6-10のようにパラメーターを設定します。

❽フローを保存し、[テスト]をクリックして、手動でテストを実行します(画像省略)。

表6-10 「項目の作成」アクションの詳細パラメーター(1)

項目	設定する内容
タイトル	「出張のタイトル」 ➡「表内に存在する行を一覧表示」アクションの動的コンテンツ「出張のタイトル」を設定
出張の理由	「出張の理由」 ➡「表内に存在する行を一覧表示」アクションの動的コンテンツ「出張の理由」を設定
申請者	「申請者」 ➡「表内に存在する行を一覧表示」アクションの動的コンテンツ「申請者」を設定

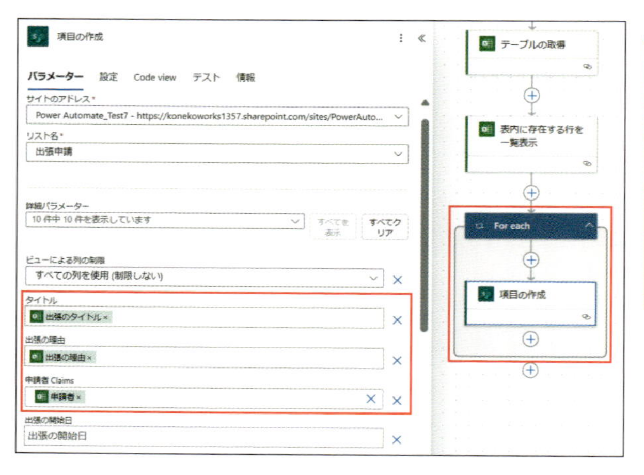

メモ

「項目の作成」アクションの詳細パラメーターを設定すると、自動的にFor eachでくくられるのは、Excelのテーブル内の各行を1行ずつSharePointのリストに追加するためです。Power Automateでは、繰り返し処理が必要と判断された場合、自動的に繰り返し処理が追加されるので、簡単に繰り返し処理を実装することができます。

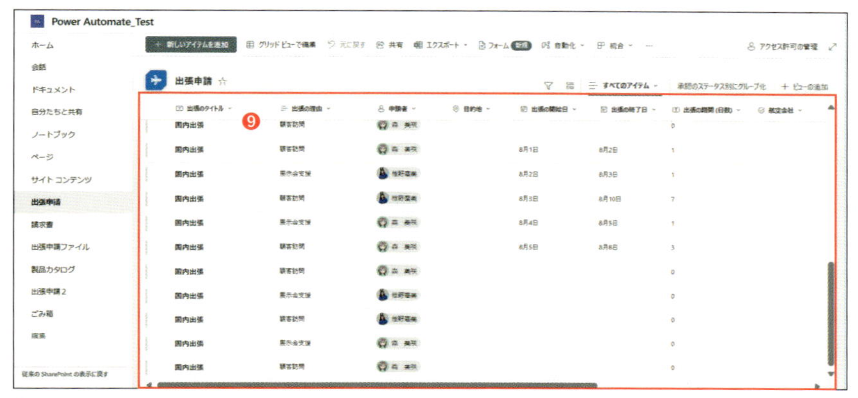

❾SharePointサイトのリストに、Excelのデータが追加されていることを確認します。

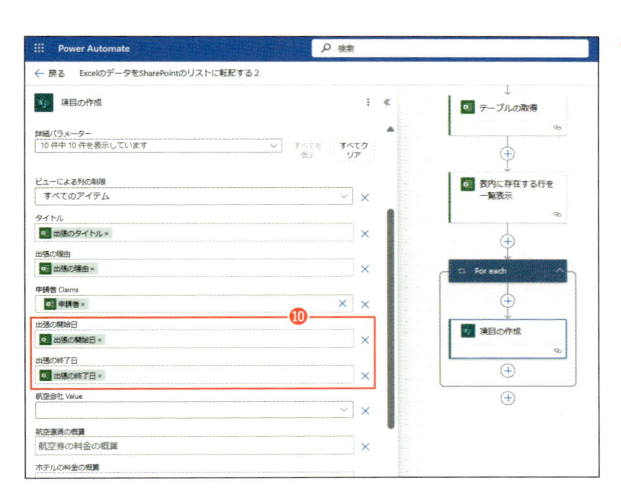

❿「項目の作成」アクションの「詳細パラメーター」を編集するため、フローを編集画面で開きます。表6-11のようにパラメーターを追加で設定します。

表6-11 「項目の作成」アクションの詳細パラメーター(2)

項目	設定する内容
出張の開始日	「出張の開始日」 ➡「表内に存在する行を一覧表示」アクションの動的コンテンツ「出張の開始日」を設定
出張の終了日	「出張の終了日」 ➡「表内に存在する行を一覧表示」アクションの動的コンテンツ「出張の終了日」を設定

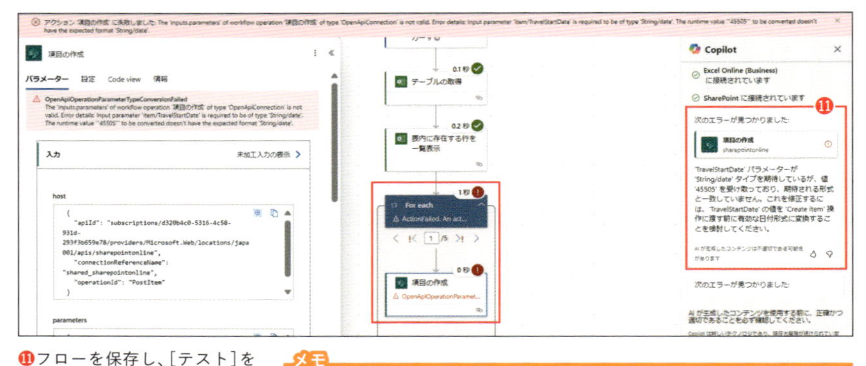

⑪フローを保存し、[テスト]をクリックして、手動でテストを実行します。フローの実行が失敗し、エラーが発生することを確認します。

メモ

Power AutomateでMicrosoft Copilotが利用できる場合、エラーの原因についてアドバイスをしてくれます(第7章参照)。エラーメッセージから、Excelの日付データを有効な日付形式に変換する必要があることがわかります。
2章の「関数」で紹介したように、関数を利用してデータを変換することもできますが、ここでは、「表内に存在する行を一覧表示」アクションのパラメーターを利用してデータを変換します。

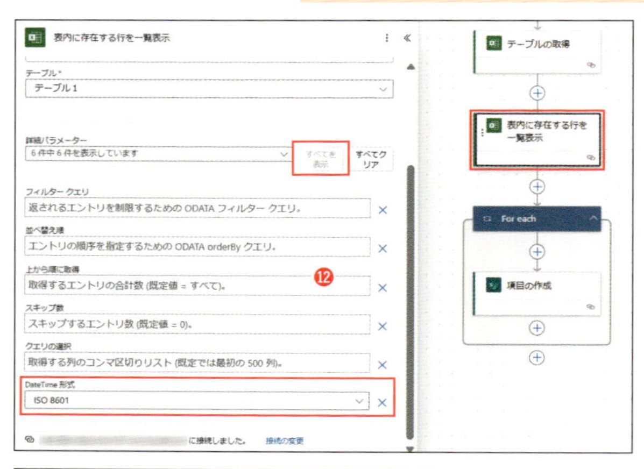

⑫「表内に存在する行を一覧表示」アクションのパラメーターを編集するため、フローを編集画面で開きます。詳細パラメーターの[すべてを表示]をクリックし、「DateTime形式」で「ISO8601」を選択します。

⑬フローを保存し、[テスト]をクリックして、手動でテストを実行します。SharePointサイトのリストに、Excelのデータが追加され、「出張の開始日」と「出張の終了日」も追加されていることを確認します。

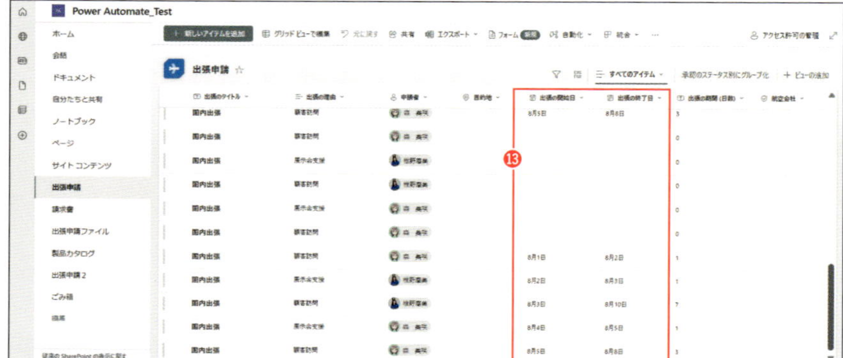

フローの「共有」と「展開」

Power Automateでは、自分が作成したフローを同僚に「共有」したり、検証環境で作成したフローを本番環境や他社環境に「展開」したりできます。これは、「クラウドフロー作成の5つのステップ」では、最後に考えることです。

図6-11 クラウドフロー作成の5つのステップ

1	計画	対象業務の見える化 （対象となる人・目的・時期・理由）
2	設計	新しい自動化プロセスを「紙の上で」設計し、さまざまな自動化方法を検討
3	作成	Power Automate フローの作成
4	テスト	作成したフローの試用
5	展開と改良	運用環境でのフローの試用開始 改良できるプロセスの特定・変更・追加

「共有」や「展開」においては、他のユーザーの権限を確認することが重要です。 Power Automateでは、フローの作成者が所有者であるため、フローの編集や実行履歴の確認ができるのは、作成した本人のみになります[4]。そのため、以下のことを行いたい場合は、他のユーザーへの共有が必要です。

- 作成したフローを他のユーザーにも編集させたいとき
- 手動で行うトリガーを作成して、他のユーザーにもフローを実行してもらいたいとき

4 Power Automateのクラウドフローは、接続時に認証されたユーザーの権限範囲でクラウドサービスを利用することになります。フローの実行時に認証が行われることで、作成者以外のユーザーが勝手に実行できないようになっています。

組織の他のユーザーにフローを「共有」する方法には、次の3つがあります。

- ・クラウドフローに共同所有者を追加する
- ・実行専用の特権でクラウドフローを共有する
- ・クラウドフローのコピーを共有する

また、検証環境で作成したクラウドフローを本番環境や他社環境に「展開」する方法には、以下の方法があります。

- ・エクスポートでパッケージ（.zip）を作成する

共有方法1 共同所有者の設定

Power Automateで作成したフローは、**共同所有者を設定することで、作成者以外もフローを利用できます。**作成したフローを後任者に引き継いだり、共同で利用したりするには、作成したフローに共同所有者を追加します。

ユーザー単位で共同所有者を指定する

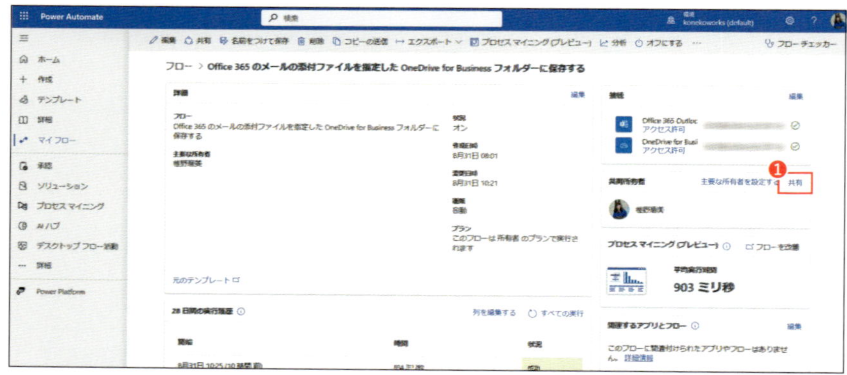

❶共同所有者を設定したいフローの詳細画面を表示します。画面右中央あたりに表示されている「共同所有者」の[共有]をクリックします。

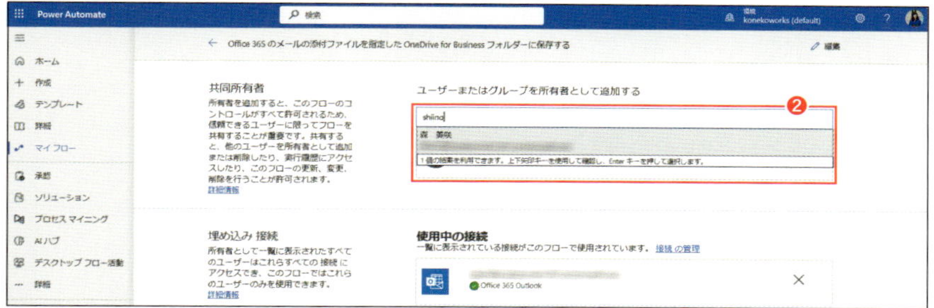

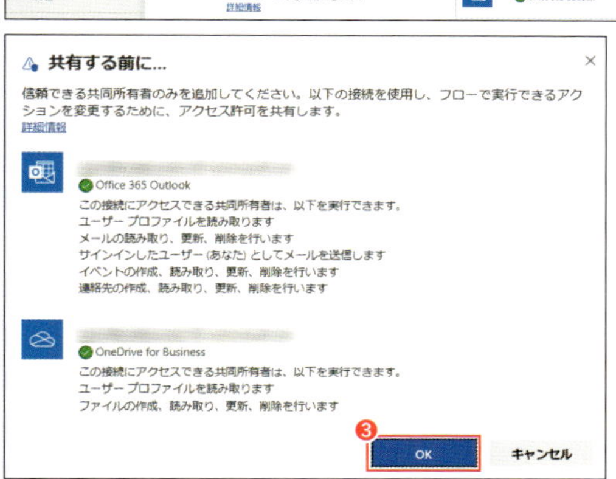

❷共同所有者として追加したいユーザーのメールアドレス（ユーザー名でも可）を入力すると、候補リストが表示されます。追加するユーザーをクリックします。

❸「共有する前に…」ダイアログが表示されるので、[OK]をクリックします。

メモ

共同所有者は、フローの作成者の権限でアクションを実行することになります。そのため、共同所有者には信頼できる相手だけを追加するようにしましょう。

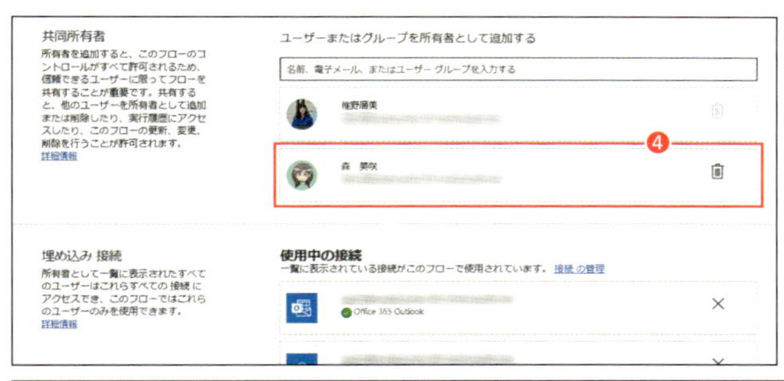

❹共同所有者が追加されます。

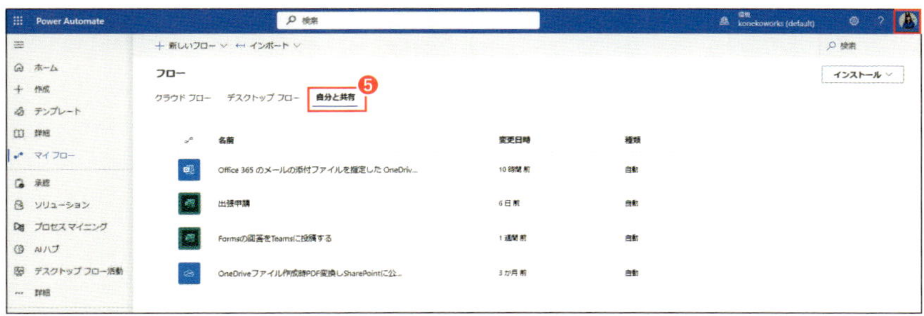

❺共同所有者を設定すると、「マイフロー」の「クラウドフロー」タブから「自分と共有」タブにフローが移動します[5]。共同所有者に設定されたユーザーの「マイフロー」の「自分と共有」タブにも、共有されたフローが表示されます[6]。

5 共同所有者を設定したフローは、その後に共同所有者を削除したとしても、フローは「自分と共有」タブ内にあります（クラウドフローに移動しない）。
6 共同所有者を設定すると共同所有者にメールが届きます。

チーム単位で共同所有者を指定する

共同所有者は、ユーザー単位だけでなく、チーム単位で設定することもできます。共同所有者としてチームを設定した場合、チームメンバーであれば、誰でもフローを編集したり、実行履歴を確認したりできます。

設定方法は、「ユーザー単位で共同所有者を指定する」の手順❷（P.205参照）で、チームを設定します。

共同所有者の権限でフローを実行する

共同所有者の権限でフローを実行したい場合、共同所有者は自身の「接続」を追加し、フロー実行前に、「接続」情報を切り替えて実行できます。

❶フローの共同所有者が、フローの詳細画面から「共同所有者」の[共有]をクリックします。

❷フローの「共同所有者」の登録画面下部に表示される[接続の管理]をクリックします。

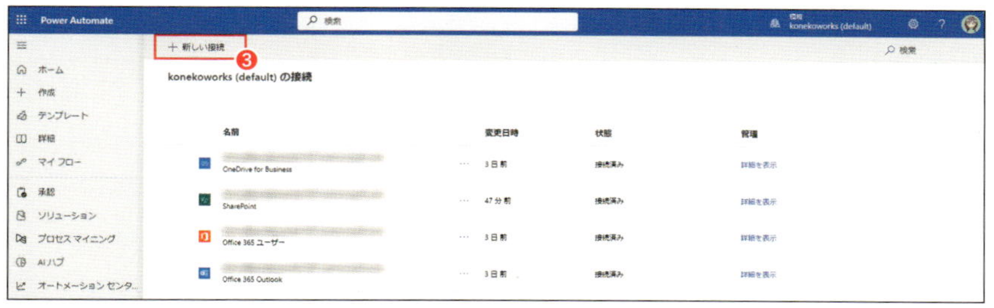

❸[＋新しい接続]をクリックすると、新しい接続を追加することができます。

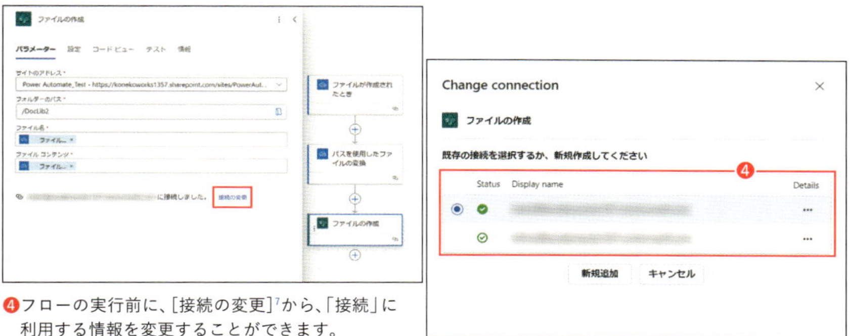

❹フローの実行前に、[接続の変更][7]から、「接続」に利用する情報を変更することができます。

アクションごとに異なるメンバーの権限で実行する

共同所有しているフローは、それぞれのアクションを異なるメンバーの権限で実行することも可能です。例えば、佐藤さん宛に届いたメールの内容を、鈴木さんの権限でTeamsに投稿するといった処理が可能です。

そのためには、共同所有している各ユーザーが、担当する「トリガー」や「アクション」の「接続」で、新しい「接続」を追加する必要があります。

複数の「接続」が登録されていても、「接続」を自分の接続に切り替えられるのは自分だけなので、他のヒトに勝手に利用されてしまうことはありません。

共有方法2 フローの所有者の変更

Power Automateのフローは、フローを作成した人がフローの所有者になるため、元のフローで所有者を変更することはできません。共同所有者に作成者以外の別のユーザーを追加した後でも、フローの所有者から作成者を外すことはできません。そのため、フローの所有者を変更するには、新しい所有者が一から作成し直すか、元のフローをコピーする必要があります。

7 ［接続の変更］は［Change connection］と表示されている場合もあります。

元のフローをコピーして、「名前を付けて保存」する

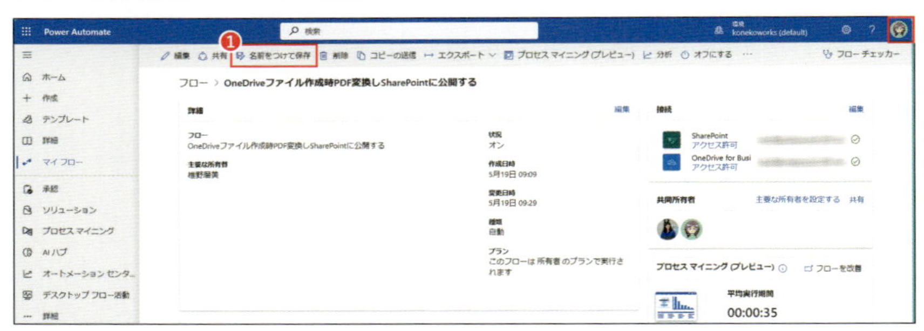

❶共同所有者の側で、「マイフロー」の「自分と共有」タブ内の該当するフローの詳細画面を開き、[名前をつけて保存]をクリックします。

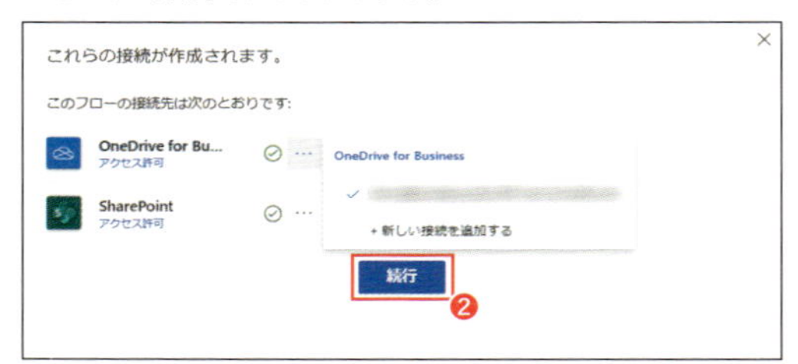

❷「接続」を確認する画面が表示されるので、各サービスへの接続を確認します。すべてのサービスに、自身の接続情報で接続できていることを確認したら、[続行]をクリックします。

メモ

接続情報が異なる場合は[新しい接続を追加する]から接続情報を修正します。また、サービスに接続できていない場合は[サインイン]をクリックし、サービスに接続します。

このフローのコピーが作成され、マイ フロー ページに追加されます。このフローには、共同作成者または埋め込み接続が必要なくなります。必要に応じて、最初にその名前を変更できます。これは既定では無効になります。

❸「このフローのコピーを作成する」ダイアログが表示されるので、必要に応じてフロー名を変更して[保存]をクリックします。

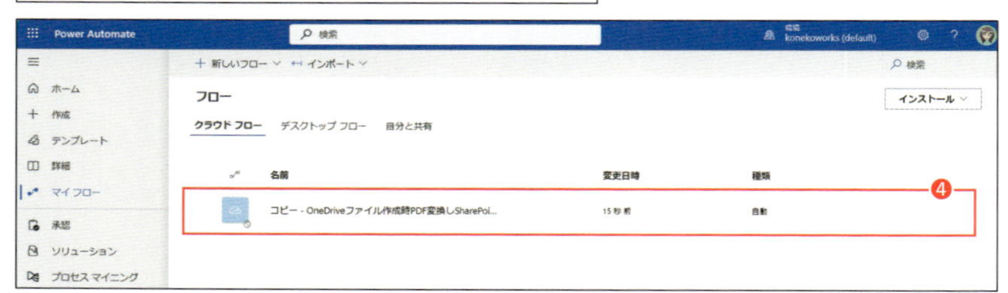

❹コピーされたフローは「オフ」の状態で、「クラウドフロー」に作成されます。コピーされたフローを今後のマスターフローにするには、元のフローを「オフ」に設定し、コピーされたフローを「オン」にします。

「コピーの送信」を利用してフローの所有者を変更する

フローの共同所有者として追加せずに、相手にフローのコピーを直接送信することもできます。例えば、部門用に作成したフローを別部門でカスタマイズして利用したいケースなどが想定されます。

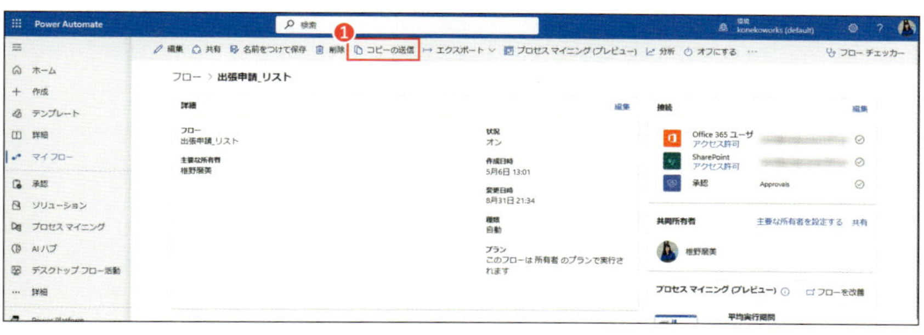

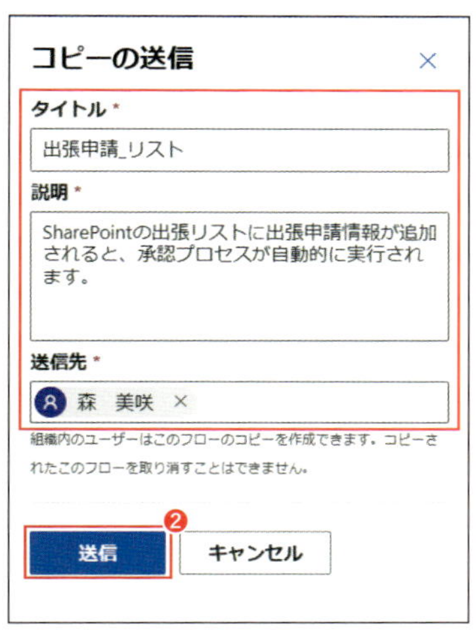

❶フローの詳細画面で、上部に表示される[コピーの送信]をクリックします。

❷「タイトル」「説明」「送信先」を指定し、[送信]をクリックします(説明は25文字以上が必要です)。

メモ

フロー内に電子メールアドレスなどの個人的なコンテンツが含まれていた場合、セキュリティの観点からメッセージが表示され、コピーの送信ができません。
そのため、フロー内のパラメーターで、電子メールアドレスを引用している部分を削除してから「コピーの送信」を行い、相手先でコピーされたフローに必要なパラメーターを設定する必要があります。

❸送信先である相手には、「コピーの送信」が行われたことを通知するメールが送信されます。メール内の[マイフローの作成]をクリックすると、テンプレートからフローを作成する際と同様の作成画面が開きます。

❹各サービスの接続情報を確認、設定してから[フローの作成]をクリックします。
❺フローの所有者を確認します。

共有方法3「実行のみのユーザー」の設定

前述したとおり、フローは作成した本人の権限で動作しますが、一部のトリガーにおいては、「実行のみのユーザー」でアクセス許可を与えれば、作成者本人でなくてもフローを実行することができます。

例えば、実習1-1で使用した「手動でフローをトリガーします」トリガーは、そのひとつです。実行が許可されたユーザーは作成者同様スマートフォンから利用できるようになるので、遅刻などの簡易連絡ツールとして便利です。

「実行専用アクセス許可」を設定する

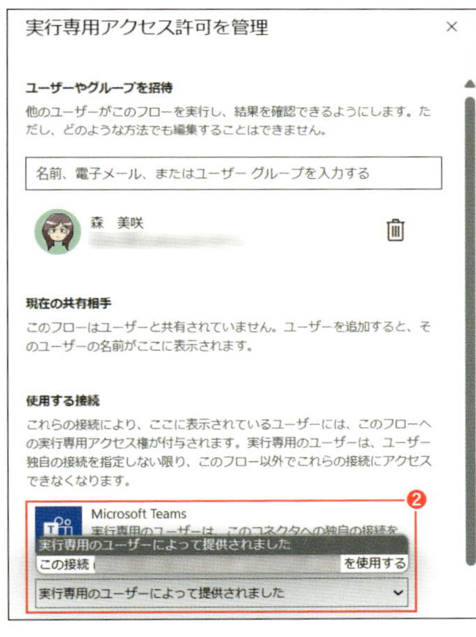

❶フローの詳細画面の右側に表示される「実行のみのユーザー」の[編集]をクリックします。

❷「実行専用アクセス許可を管理」で、実行権限を設定したいユーザーやグループを追加し、作成者または実行者のどちらの「接続」を利用してフローを実行するかを設定します。

展開方法 1 作成したフローのエクスポート

検証環境で作成したクラウドフローを本番環境や他社環境に「展開」する場合、「エクスポート」を利用します。

「エクスポート」と「インポート」を利用すると、異なる環境間で作成したフローを移行したり、バックアップを取ったりすることができます。

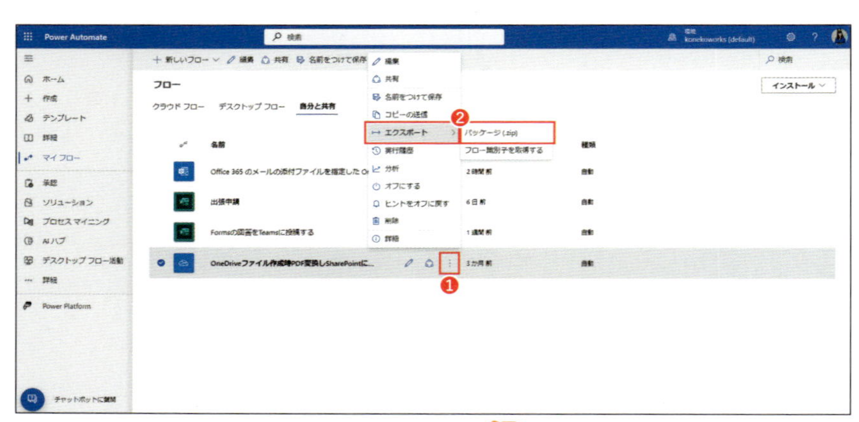

❶本番環境や他の環境に展開したいフローを選択し、[より多くのコマンド]をクリックします。
❷[エクスポート]から[パッケージ(.zip)]をクリックし、zipファイルを作成します。

メモ

インポートされたフローの所有者は、展開先のユーザーになります。また、認証情報やステップ内のプロパティは環境に合わせて編集する必要があります。

コラム

孤立フローを管理する

退職時にフローの引継ぎが行われず、有効な所有者が存在しなくなったフローを「孤立したフロー」と呼びます。有効なアカウントで認証が行われず、孤立したフローが繰り返し実行される場合、失敗が繰り返される状態になります。Microsoft 365の管理者は、Power Platform管理センターやPower Shellを使って、新たな共同所有者を設定し、管理できる状態にする必要があります[8]。

8 詳細についてはMicrosoftの公式ドキュメントを参照してください。
https://learn.microsoft.com/ja-jp/troubleshoot/power-platform/power-automate/flow-management/manage-orphan-flow-when-owner-leaves-org

第7章

Power Automateで Copilotを使いこなす

第7章では、AIアシスタントである「Copilot」を使用することで、Power Automateのフロー生成をどのように効率化できるのかを習得します。あわせて、Power Automateで「Copilot」を利用する際のポイントについても理解します。

本章の目標

- Copilotを利用してフローを自動生成する際のポイントについて理解する
- Copilotを活用して、スキルアップや業務を効率化する方法を理解する
- Copilotを活用して、エラー処理を実装する方法を習得する

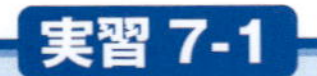

実習 7-1

Copilotを利用して クラウドフローを作成する

Copilot for Power Automateとは

2022年11月に公開され、わずか2か月でユーザー数1億人を突破した**ChatGPT**は、高度なAI技術によって、人間のように自然な会話ができるAIチャットサービスです。革新的なサービスとして注目を集め、生成された文章の見事さや人間味のある回答が大きな話題となりました。

Copilot for Microsoft 365は、このChatGPTの技術をTeams、Outlook、Word、Excel、PowerPointなどのMicrosoft 365アプリケーションに組み込み、生産性向上や業務効率化を推進するためのツールです。Power Automateには、**Copilot for Power Automate**として搭載されています。

Copilot for Power Automate（以下Copilot）を使えば、日常的に使う言葉で指示を与えるだけで、フローを自動的に作成（提案）してくれます。このとき、Copilotに与える指示のことを**「プロンプト」**と呼びます。Copilotでフローを作成するには、「ホーム」画面の図7-1で示した箇所にプロンプトを入力します。

図7-1 Copilot for Power Automateの入力画面

Copilotへのプロンプトは、現時点では英語が有効ですが、コツをつかめば日本語でも適切に指示を与えることができます。また、今は精度の高い翻訳サービスもあるので、英語が苦手なヒトであっても、翻訳サービスを利用すれば、実現したい内容を英語のプロンプトに変換することが可能です。

「ヒト対ヒト」のコミュニケーションと同じように、「ヒト対AI」の場合も、相手（Copilot）が適切に「理解できる文章を作成する」必要があることを押さえておきましょう。意図した提案が行われるよう、適切なプロンプトを作成するコツは、以下のとおりです。

- **「Xが発生した場合、Yをする」の形式で記述する**
- **できるだけ具体的に指示する**
  （可能であれば、プロンプトでコネクタについて言及する）
  NG：電子メールを処理したい
  OK：メールが届いたとき、Teamsの総合チャンネルに、件名「Contoso」で投稿する。
- **プロンプトの微調整を重ねる**

コラム

Copilotは継続的に変化する技術

Copilotは、現在進行形で開発が続けられている新しい技術です。本書で紹介するのは「2024年9月1日現在」の内容であり、将来的には仕様が変わることも予想されます。また、これはAI技術全般に言えることですが、期待通りに能力が発揮されることが保証されているわけではない点を念頭に置いて使用する必要があります。

しかし、だからといって、「Copilotを使わない」と判断するのは得策ではありません。変化することを前提にCopilotを使うことで、変化を先取りし、近い未来に実現するであろう「新しい働き方」のイメージをつかみ、それに備えることができるはずです。本書では「継続的に変化する」ことを前提に、Copilotの活用例を紹介しています。

実習の準備

既定では、Power AutomateでCopilotを利用する設定になっていないため(2024年9月1日現在)、Copilotを利用できるようにPower Automateの設定を変更する必要があります。

❶Microsoft 365にサインインし、Power Automateを起動します。画面右上に表示される[設定]アイコンをクリックします。
❷[管理センター]をクリックします。
❸Power Platform管理センターが起動したら、メニューから[環境]をクリックします。
❹Copilotを有効にする環境をクリックします。

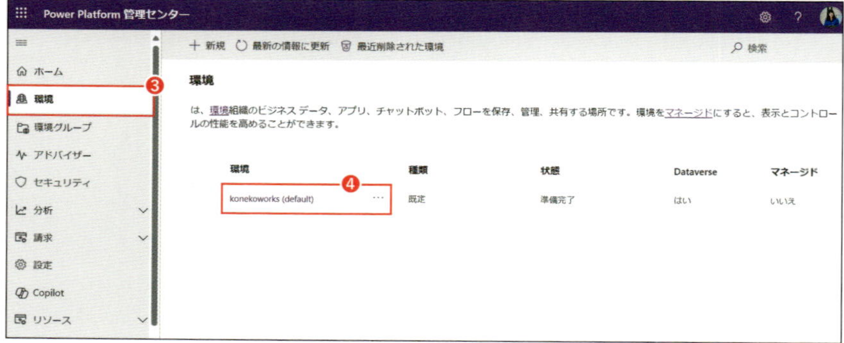

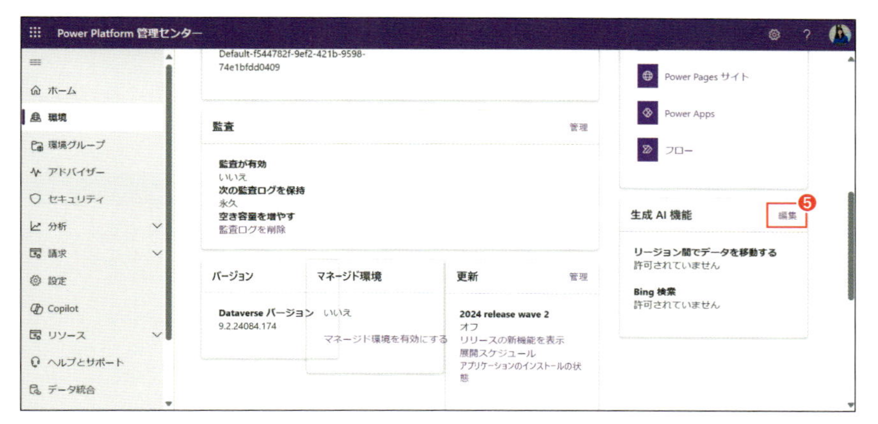

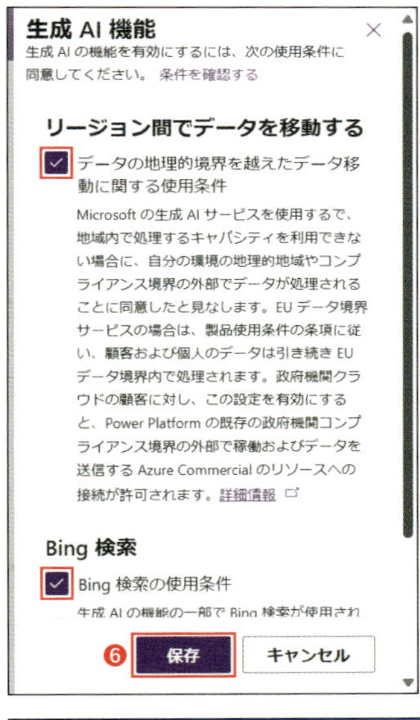

❺画面をスクロールし、画面右下の「生成AI機能」の「編集」をクリックします。

❻2つのチェックボックスにチェックを入れて[保存]をクリックします。

❼環境に設定が適用された後、ブラウザーを更新すると、Power Automateの画面にCopilotで自動化を作成するためのテキストボックスが表示されます。

Lesson1 新規のフローを自動生成する

Lesson1では、実際に新規のフローを自動生成してみます。

新規のフローを自動生成する

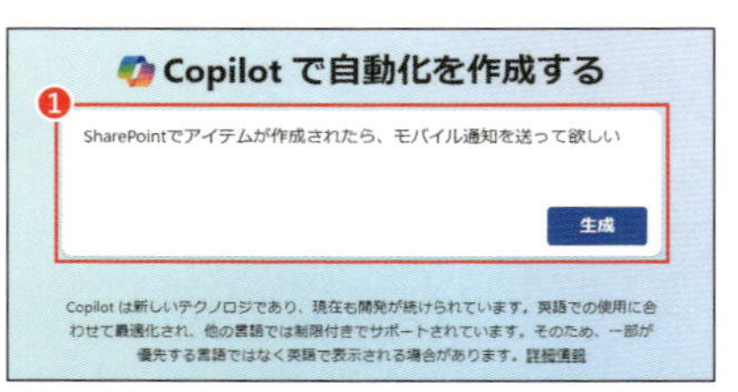

❶「SharePointでアイテムが作成されたら、モバイル通知を送って欲しい」と入力し、[生成]をクリックします。

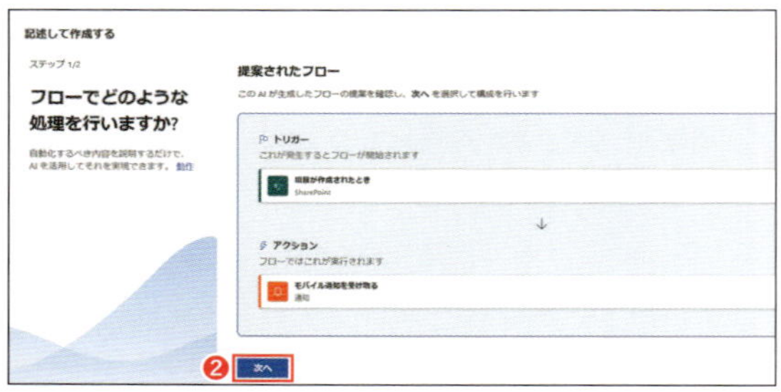

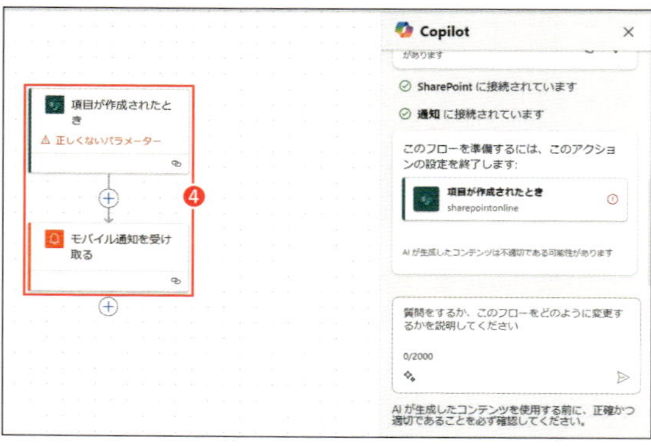

❷フローが提案されたら、[次へ]をクリックします。
❸フロー作成の確認画面で[フローを作成]をクリックします。
❹フローが自動生成されたことを確認します。

なお、ここではフローの生成を確認することが目的なので、保存せずに終了しても、パラメーターを設定して保存して終了しても、どちらでも大丈夫です。手順❶〜❹を繰り返し、さまざまなフローが生成されることを確認してみてください。

手順❶で入力するプロンプトの例としては、他にも次のようなものがあります。なお、2つ目のプロンプトは、Microsoftサンプルソリューションギャラリー[1]に公開されているサンプルです。

contoso@gmail.comからのメールを受信したら、Teamsに投稿します

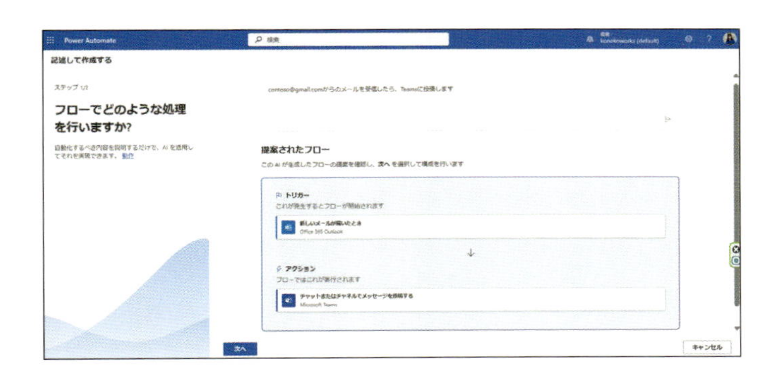

Build a workflow that gets customer feedback from [Start of Text] Microsoft Forms [End of Text] and adds the feedback to [Start of Text] SharePoint [End of Text]. Send an email follow up to the submitter. Include text in the body that thanks them for submitting feedback.

1 Microsoftサンプルソリューションギャラリー
https://adoption.microsoft.com/en-us/sample-solution-gallery/?keyword=prompt&sort-by=updateDateTimetrue&page=1&product=Power%20Automate&keyword=prompt

Lesson2 関数の学習支援用フローを自動生成する

Copilot は Power Automate の機能や操作を学ぶ際の支援ツールとしても活用することができます。Lesson2では、関数の使い方を確認するための学習支援用フローを、Copilot で作成してみます。

concat関数を利用したフローのサンプルを作成する

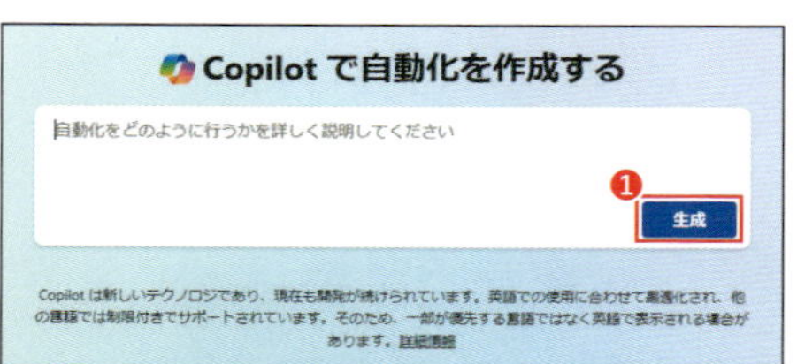

❶ホーム画面の「Copilotで自動化を作成する」に、以下のプロンプトのどちらかを入力して、[生成]をクリックします。

- 日本語で入力する場合

Concat関数を利用したフローのサンプルを作成してください

- 英語で入力する場合

Create a sample flow using the concat function

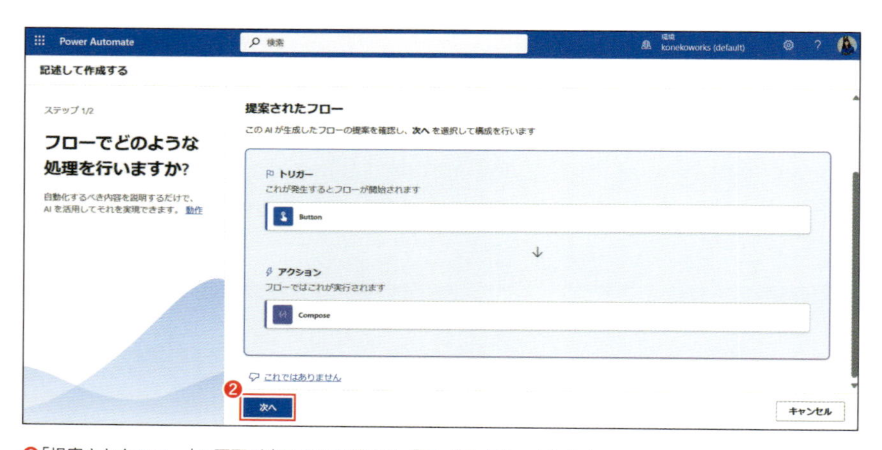

❷「提案されたフロー」の画面が表示された場合は、[次へ]をクリックします。

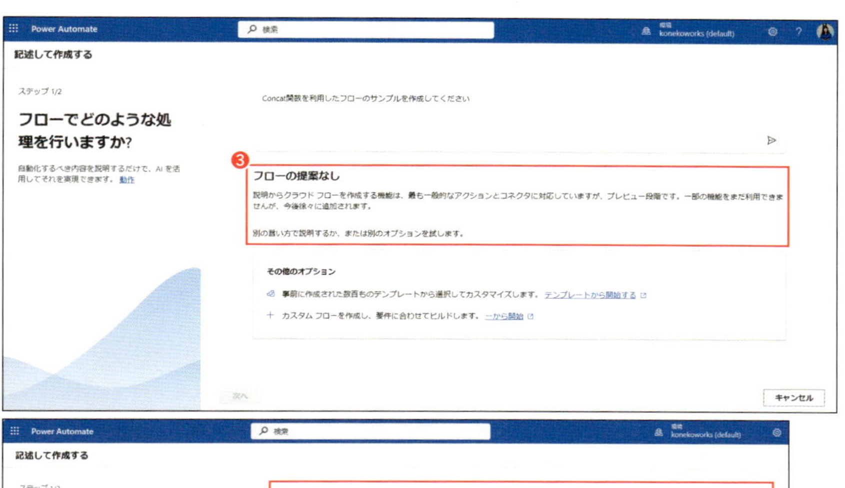

❸「フローの提案なし」の画面が表示された場合は、もうひとつのプロンプトを入力し直し、[Submit]をクリックします[2]。

メモ

2024年9月1日現在、上記のプロンプトでは、フローが提案される場合と、「フローの提案なし」の画面が表示されるケースがあることを確認しています。

❹「接続されているアプリやサービスを確認する」画面が表示された場合は、[フローを作成]をクリックして、フローを作成します。

メモ

2024年9月1日現在、[フローを作成]をクリックすることなく、すぐにフローが作成されるケースがあることを確認しています。

2　それでもフローが提案されない場合は、P.223まで読み進めて、どのようなことができるのかを確認してください。また、同じプロンプトでも実行日時によって結果が変わることがあるので、別の日に再度試してみる手もあります（P.224のコラム参照）。

❺フローが生成されたら、[保存]をクリックし、フローを保存します。
❻画面右側に、Copilotへのプロンプトが入力できる画面が表示されていることを確認します。この画面で、「concat関数を使うと何ができますか？」と質問をします。

❼質問に対して、回答が行われることを確認します。

Concat関数を利用したサンプルフローをテストする

Copilotによって生成されたサンプルフローを試してみます。

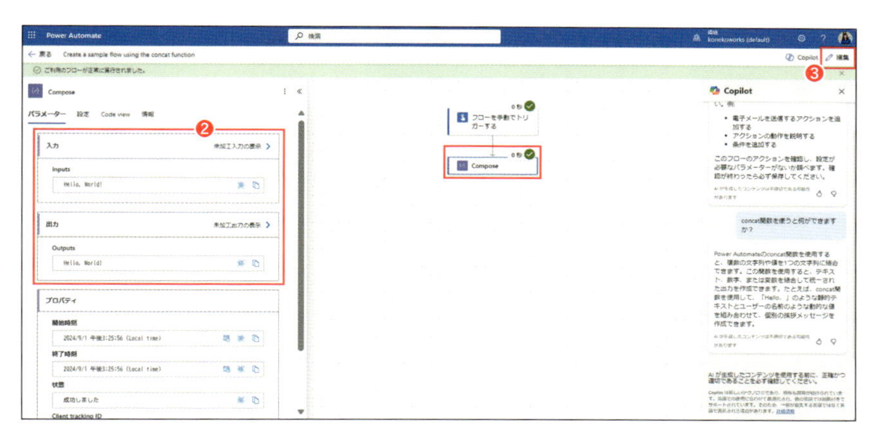

❶[テスト]をクリックして、手動でテストを実行します(画像省略)。
❷フローが正常に動作することが確認できたら、[Compose]をクリックして、パラメーターの「入力」と「出力」を確認します。
❸[編集]をクリックします。

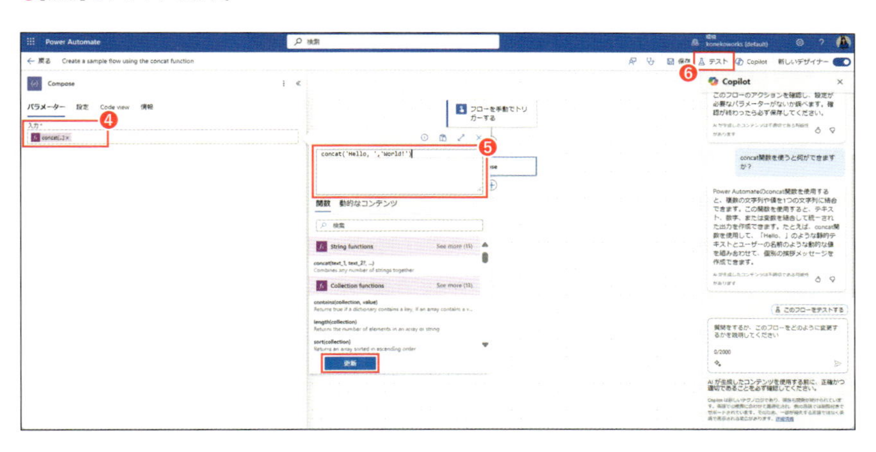

❹「Compose」の入力パラメーターに設定されているconcat関数をクリックします。
❺関数の編集画面に「concat('Hello, ','World!')」と設定されているので、「concat('Hello, ','Power Automate!')」と2番目の値を変更し、[更新]をクリックします。
❻フローを保存し、[テスト]をクリックして、手動でテストを実行します。

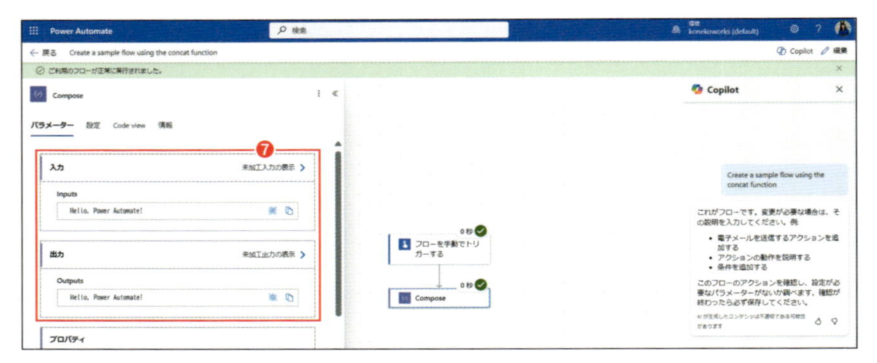

❼「Compose」のパラメーターの「入力」と「出力」の値が変更されていることを確認します。

コラム

同一プロンプトでも生成されるフローは変化する

これまで説明してきたとおり、目的が同じでも、様々な方法でフローを実現することができます。Copilotを利用してフローを自動生成する場合も、同一のプロンプトを指定したからといって、同一のフローが提案されるとは限りません。特に、具体的なサービスを指定していない場合、「過去に生成されたフロー」と「未来に生成されるフロー」が同じではない場合があります。

例えば、「Create a sample flow using the concat function」というプロンプトは、2024年5月18日の時点では、「フローを手動でトリガーする」トリガーの入力パラメーターを利用して、動的に入力した文字列を結合し、指定したExcelファイルに出力するフローとして生成されていました。そのため、Copilotでフローを自動生成後、入力パラメーターや出力パラメーターを設定してからテストをしていました。

このように実現方法が変化することは、新しい「トリガー」や「アクション」を知る機会でもあります。**今まで以上に「変化すること」を前提に、「変化に対応するスキル」が求められていく**と言えるでしょう。「業務改善」≒「業務のやり方を変えること」であり、組織もヒトも「最も強いものが生き残るのではない。最も変化に敏感なものが生き残る」（チャールズ・ダーウィン）のです。

図7-2 2024年5月18日の時点で自動生成されたフロー

Lesson3 フローの説明文を自動生成する

自分が作成したフローを後任者に引き継いだり、しばらく時間をおいてからフローのメンテナンスをしたりする場合、フローの説明や情報をまとめておくことは大切です[3]。

しかし、一から文章を作成するのは手間がかかり、億劫なものです。そのため、運用保守の観点で必要とわかっていても、実際は作成されていないケースが散見されます。フローの説明や情報がまとめられていないと、後からフローに機能を追加したり、フローのメンテナンスをしたりする際、各変数の確認や、処理と処理の関係性などを、一つずつ紐解いてから作業することになってしまいます。

そこでLesson3では、作成したクラウドフローの説明を、Copilotを利用して自動生成します。生成されたフローの説明をたたき台にすることで、一から文章を作成しなくて済むので、非常に効率的です。

フローの説明文を自動生成する

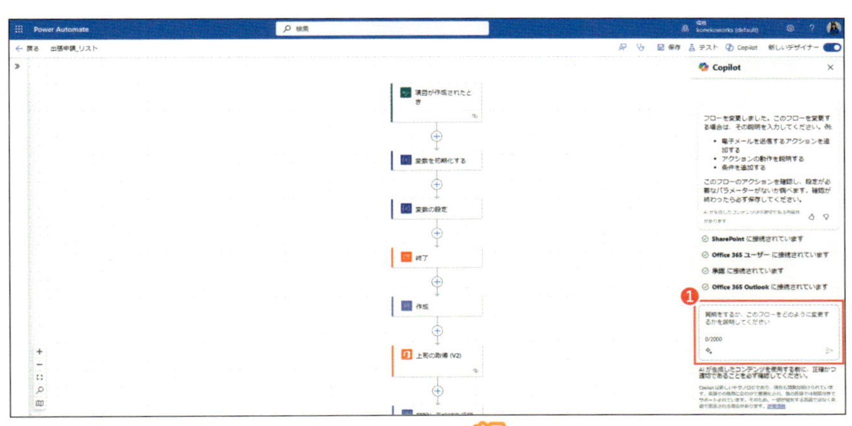

❶実習5-2で作成したフロー（P.147参照）を編集画面で開きます。画面右側に表示されているCopilotの画面に次ページの【パターン1】の文章を入力し、[送信]をクリックします。

メモ
Copilotの画面が表示されていない場合は、右上部に表示されるメニューから[Copilot]をクリックします。

3 プログラミング言語を使って開発をする場合も、各プログラミングコードの意図をコメントとして記述しておくことが推奨されます。意味や意図を伝えるコメントを残しておくとプログラムが読みやすくなるのは、プログラムの意図を理解しながら、プログラムコードを読み進めることができるからです。

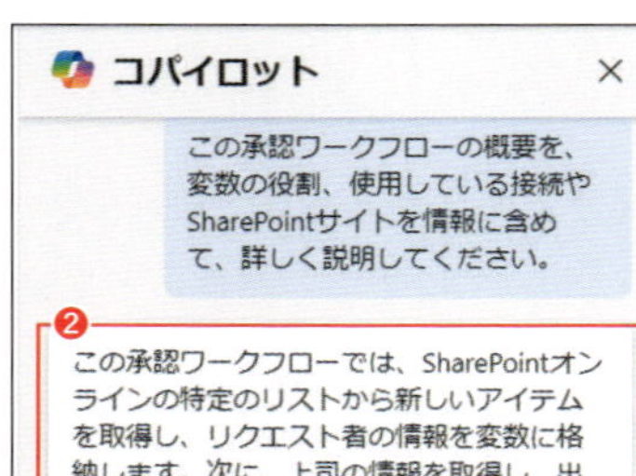

【パターン1】
この承認ワークフローの概要を、変数の役割、使用している接続やSharePointサイトを情報に含めて、詳しく説明してください。

❷Copilotによってフローの説明が作成されることを確認します[4]。

コラム

プロンプトによる生成結果の違い

前述したとおり、Copilotを使用する場合は、同じプロンプトでも生成結果が異なる場合があることに注意が必要です。また、表現の些細な違いによって、出力される結果が大きく変わってくることもあります。

以下に、表現を少し変更した【パターン2】のプロンプトと、その出力結果を示します。

図7-3 プロンプトによる出力結果

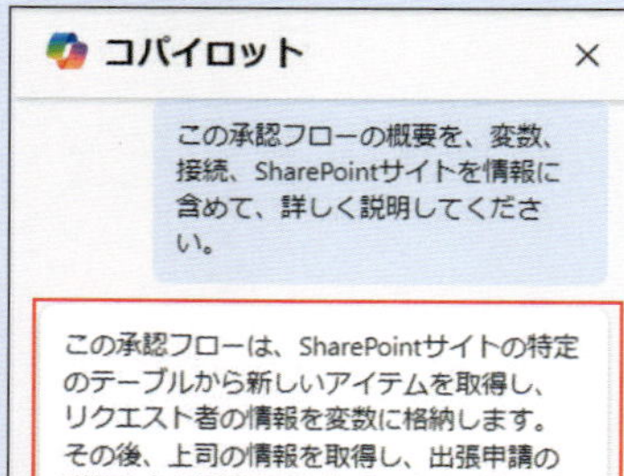

【パターン2】
この承認フローの概要を、**変数**、**接続**、SharePointサイトを情報に含めて、詳しく説明してください。

4 生成AIによって生成される結果であるため、必ずしも同じ文章が作成されるとは限りません。

Copilotの活用ポイント

Lesson1・2・3ではそれぞれ、以下の観点でCopilotを活用しました。

フローの作成支援：ゼロから新規のクラウドフローを作成する
ユーザーの学習支援：コネクタの使い方や関数の使い方を確認する
フローの説明：作成したクラウドフローの内容を説明する文章を作成する

これ以外にも、「指示に従い、既存のフローを編集する」「編集中の現在のフローに関する質問をする」「Power Automateに関する一般的なドキュメントの質問をする」など、まさに名前どおり「副操縦士（Copilot)」として、ヒトの作業支援をしてくれます。

また、生成AIであるCopilotは過去のデータをもとに学習するため、時間や経験を重ねるほど使用感が向上していきます。**どのような「プロンプト」であれば、自分がほしい結果が得られるのか、コツをつかみながら上手に利活用していくとよい**でしょう。

生成AIの登場で、シゴトの進め方は大きく変わり始めています。Copilotを使いこなして、業務を効率化し、シゴトの成果を引き上げていきたいものです。

実習 7-2

Copilotを活用してエラー処理を実装する

多くの場合、Power Automateのフローは一度作成して完了ではありません。業務状況の変化に応じて、より便利にするためのアクションを追加したり、発生した不具合を修正したりと、改善と修正を繰り返し行っていきます。

このような「改良」作業を行うときにも、Copilotが力を発揮します。Copilotを活用すれば、繰り返しCopilotに質問をしながら、改良点や最適な実現方法を見つけることができます。Copilotを使いこなすことで、効率的かつ効果的な修正が可能になり、状況の変化にタイムリーに対応したフローを維持することができます。

そこで実習7-2では、Copilotを活用して、実習6-2で作成したフローを（P.189参照）、「エラー処理」を実装したものに改良していきましょう。

エラー処理とは

「エラー処理（例外処理)」とは、誤った操作や不適切なデータの入力が行われたときに実行される処理のことです。**エラー処理（例外処理）をあらかじめ組み込んでおくことで、想定外の入力・環境下でも安全に動作するフローを作成することができます。**

Power Automateでは、「実行条件の構成」で、一つ前の実行結果によって次のアクションを実行するかどうかを設定できます。そのため、「実行条件の構成」と「並列分岐」を利用すれば、簡単にエラー処理を組み込むことが可能です。

図7-4「並列分岐」を用いたエラー処理のイメージ

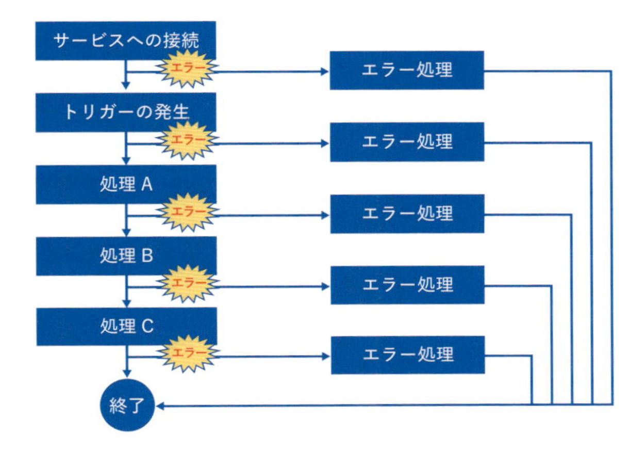

Copilotにアドバイスを求める

まず、実習6-2で作成したフローが特定の状況で実行された場合、実行時エラーが発生することを確認します。特定の状況とは、「自動生成されるPDFと同じ名前のファイルが、すでにSharePointのドキュメントライブラリ内に存在する」状況です。ここでは、その状況を意図的に作り出します。

SharePointのドキュメントライブラリに作成されたPDFファイルのファイル名を、次のように変更します。

【変更前】A社製品カタログ_202407月号.PDF
【変更後】A社製品カタログ_202411月号.PDF

この状況で、「A社製品カタログ_202411月号.pptx」をOneDrive for Businessにアップロードします。フローが実行され、SharePointのドキュメントライブラリに「A社製品カタログ_202411月号.PDF」を作成しようと試みますが、同名のファイルがあることで、実行時エラーになってしまいます。

エラーメッセージの内容を確認し、[フローの編集] をクリックします。Copilotにプロンプトとして「このフローにエラー処理を実装する方法を教えてください」と入力すると、Copilotがアドバイスをしてくれます[5]。アドバイスを参考にしながら、エラー処理を実装していきましょう。

5 生成される文章は、図7-5と異なる場合もあります。

図7-5 エラーメッセージ(左)とCopilotのアドバイス(右)

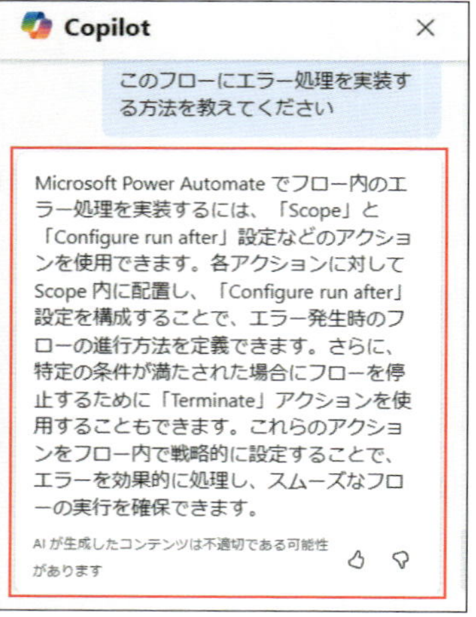

コラム

Copilotによるエラー処理の実装

「このフローにエラー処理を実装する方法を教えてください」ではなく、「このフローにエラー処理を実装してください」と入力すると、Copilotによってエラー処理が実装され、フローが変更されます。変更されたフローをそのまま保存することも、[元に戻す] をクリックして、元のフローに戻すこともできます。

図7-6 Copilotによって実装されたエラー処理

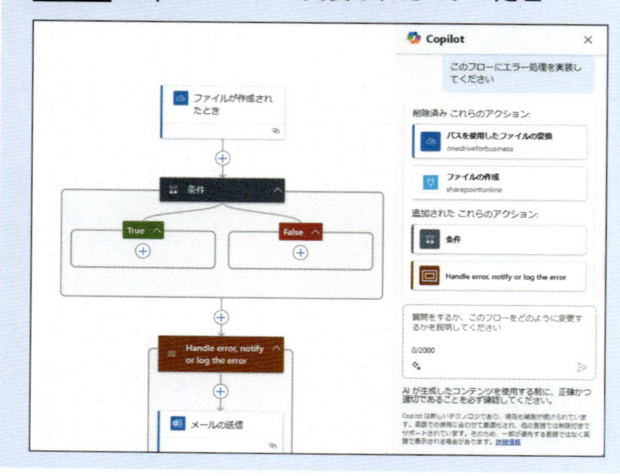

 Lesson1 エラー発生時にメールを送信する処理を追加する

まずは、SharePointのドキュメントライブラリにファイルが生成できなかった際に、その旨をメールで通知する処理を追加します。

「メールの送信（V2）」アクションを追加する

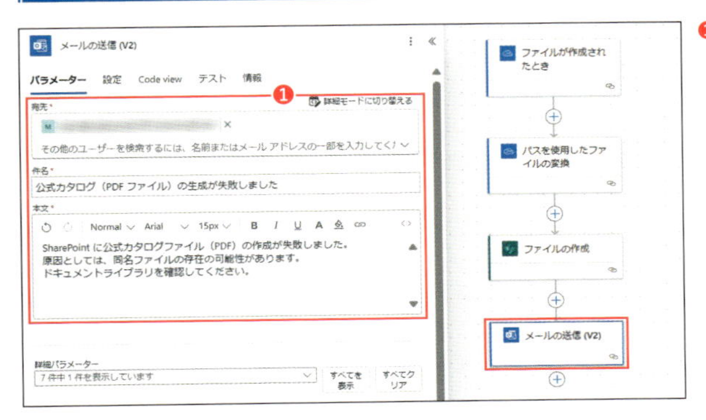

❶「Office 365 Outlook」コネクタの「メールの送信（V2）」アクションを追加し、表7-1のパラメーターを設定します。

表7-1 「メールの送信（V2）」アクションのパラメーター（エラー処理）

パラメーター	設定内容
宛先	送信先のメールアドレス
件名	例：公式カタログ（PDF ファイル）の生成が失敗しました
本文	例：SharePoint に公式カタログファイル（PDF）の作成が失敗しました。 原因としては、同名ファイルの存在の可能性があります。 ドキュメントライブラリを確認してください。

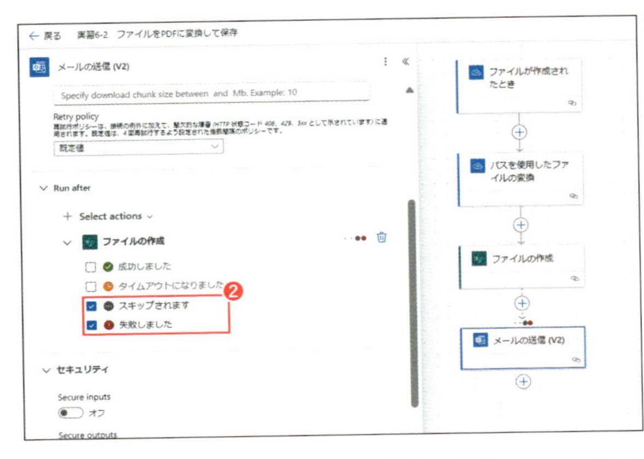

❷[設定]タブをクリックし、「Run after」[6]を設定します。「SharePoint」コネクタの「ファイルの作成」アクションの「スキップされます」「失敗しました」にチェックを入れます。その後、[保存]をクリックして変更したフローを保存し、[テスト]をクリックして手動でテストを実行します。

6 2024年9月1日時点での表記です。「Run after」は、「実行までの時間」などの表記に変更されている可能性もあります。

❸名前が重複するファイル（例：A社製品カタログ_202411月号.ppx）をOneDrive for Businessにアップロードします。エラーが発生し、処理が失敗した旨を知らせるメールが送信されることを確認します。

Lesson2 正常処理が完了したメールを送信する処理を追加する

Lesson2では、SharePointにPDFファイルの作成が正常に完了したことを通知する処理を追加します。「SharePoint」コネクタの「ファイルの作成」アクションが成功したときと、それ以外で分岐するため、「並列分岐」を追加します。

「並列分岐」と「メールの送信（V2）1」アクションを追加する

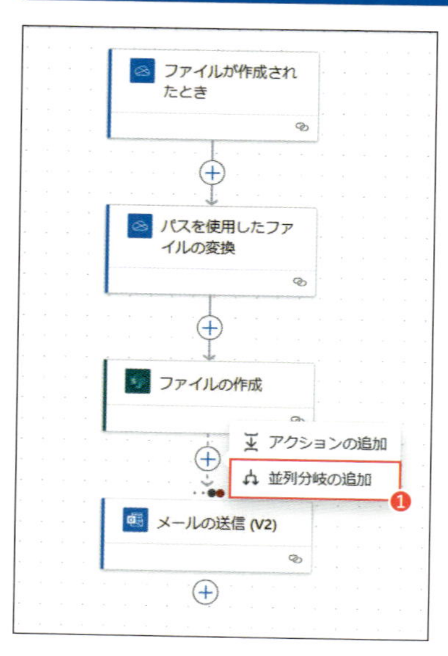

❶「ファイルの作成」アクションの下にある［＋］をクリックし、［並列分岐の追加］をクリックします。

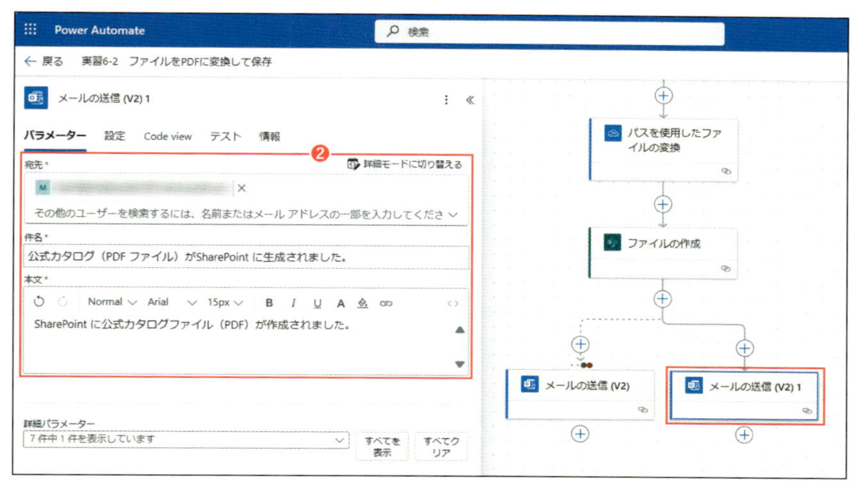

❷「Office 365 Outlook」コネクタの「メールの送信(V2)1」アクションを追加し、表7-2のパラメーターを設定します。

表7-2「メールの送信(V2)1」アクションのパラメーター(正常処理)

パラメーター	設定内容
宛先	送信先のメールアドレス
件名	例：公式カタログ（PDF ファイル）が SharePoint に生成されました。
本文	例：SharePoint に公式カタログファイル（PDF）が作成されました。

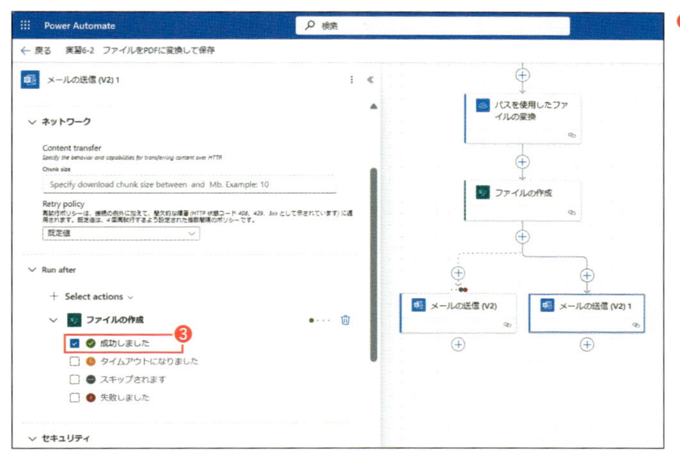

❸[設定]タブをクリックし、「Run after」[7]を設定します。「SharePoint」コネクタの「ファイルの作成」アクションの「成功しました」にチェックが入っていることを確認します。その後、[保存]をクリックして変更したフローを保存し、[テスト]をクリックして手動でテストを実行します。

7　2024年9月1日時点での表記です。「Run after」は、「実行までの時間」などの表記に変更されている可能性もあります。

❹名前が重複しないファイル(例:A社製品カタログ_202501月号.ppx)をOneDrive for Businessにアップロードします。エラーが発生しないことと、処理が成功した旨を知らせるメールが送信されることを確認します。

Lesson3 「スコープ」を用いて処理をグループ化する

Lesson2では、「並列分岐」を利用して、処理が正常に行われた場合と、エラーが発生した場合の処理を設定する方法を確認しました。

しかし、図7-4（P.229参照）のように、実行時にエラーが発生する可能性がある各処理に並列分岐を組み込むと、フローが煩雑になります。

そこで、図7-7のように、複数のアクションをグループ化することで、フローをシンプルにすることができます。この場合、グループ化したすべてのアクションが正常に処理された場合を「成功」、いずれかの処理が1つでも失敗した場合を「失敗」として処理することになります。

複数のアクションをグループ化するには、「Control」コネクタの「スコープ」オプションを利用します。

図7-7 「スコープ」オプションを用いたエラー処理のイメージ

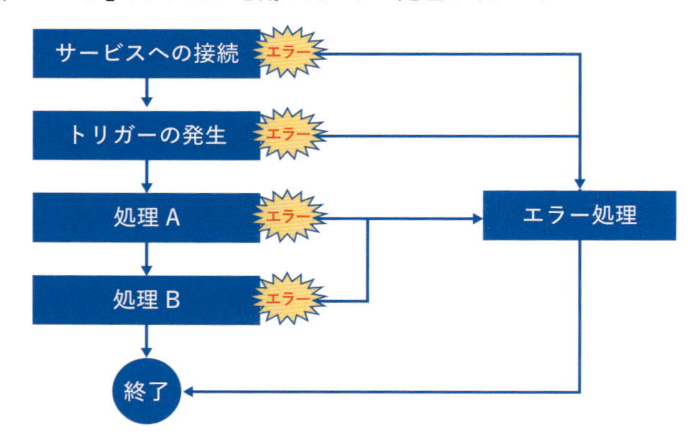

画像ファイルをアップロードしてエラーが出ることを確認する

Lesson3では、PDF形式には変換できない画像ファイル（～.png）を、OneDrive for Businessフォルダーにアップロードすることで発生するエラーへの処理を追加します。実習のために、任意の画像ファイル（～.png）を用意してください。

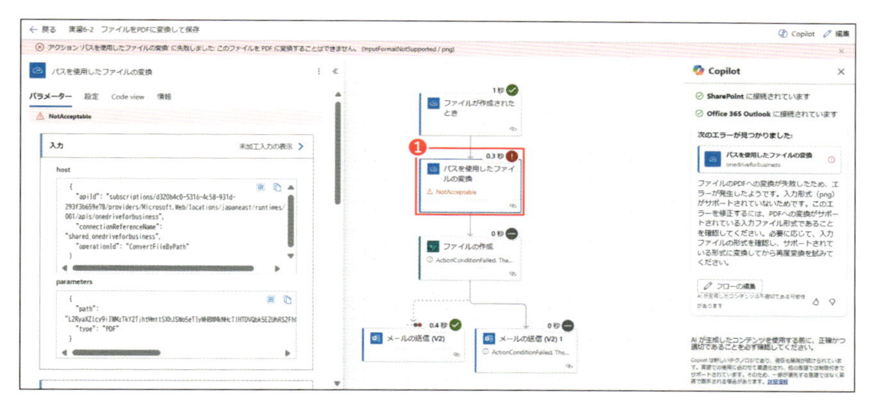

❶Lesson2のフローをテスト実行し、用意した画像ファイル(～.png)をOneDrive for Businessにアップロードします。フローの「実行の詳細」を確認すると、「パスを使用したファイルの変換」アクションでエラーが発生していることを確認できます。

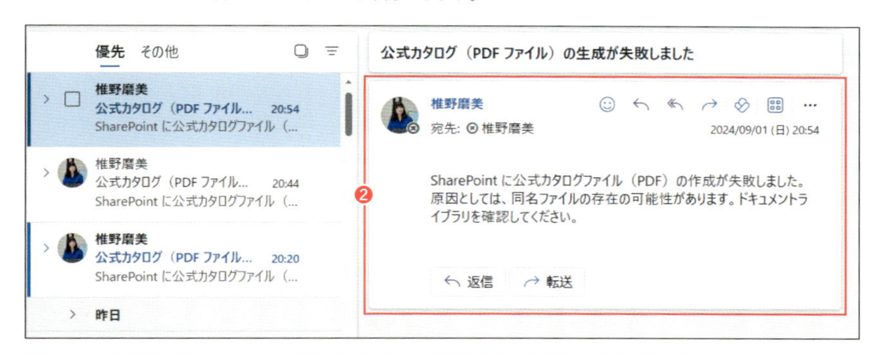

❷フローの実行が失敗し、Lesson2で実装したメールが送信されていることを確認します。

「スコープ」オプションを追加する

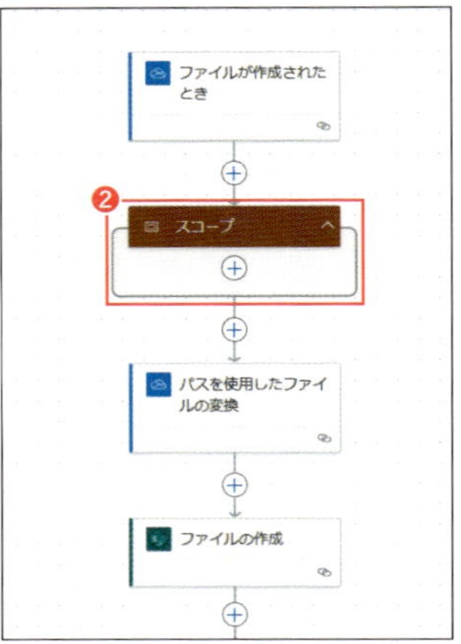

❶「ファイルが作成されたとき」トリガーの下にある[＋]をクリックし、「スコープ」アクションを追加します。「アクションの追加」で「Control」コネクタの[スコープ]をクリックします。
❷このような状態で「スコープ」オプションが追加されます。

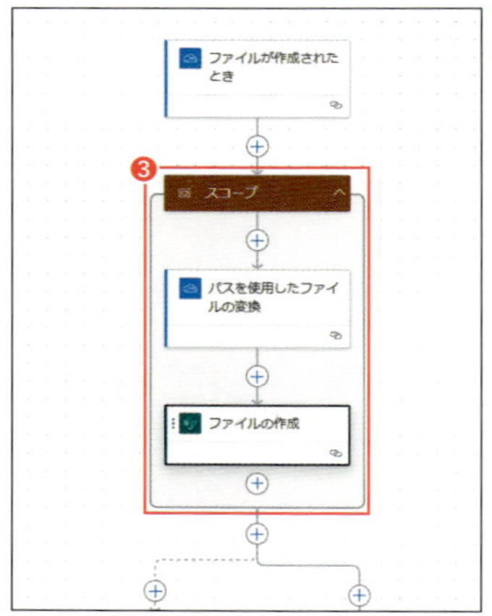

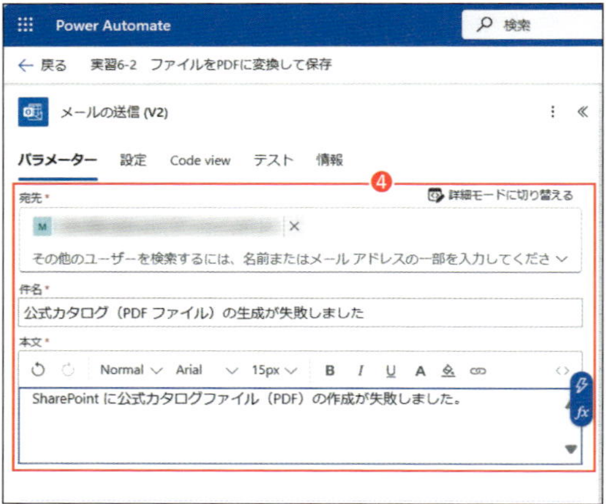

❸「スコープ」オプションの中に各アクションをドラッグして移動させ、このような状態にします。
❹ファイルが生成できなかった旨を伝えるメールを送信する処理(「メールの送信(V2)」アクション)を変更します。「件名」と「本文」の内容を、表7-3のように修正してから、フローを保存します。

表7-3 「メールの送信(V2)」アクションのパラメーター(エラー処理 修正)

パラメーター	設定内容
宛先	送信先のメールアドレス
件名	例：公式カタログ(PDF ファイル)の生成が失敗しました
本文	例：SharePoint に公式カタログファイル（PDF）の作成が失敗しました。

❺フローをテスト実行し、用意した画像ファイル(～.png)をOneDrive for Businessにアップロードします。実行時エラーを通知するメールが送信されることを確認します。

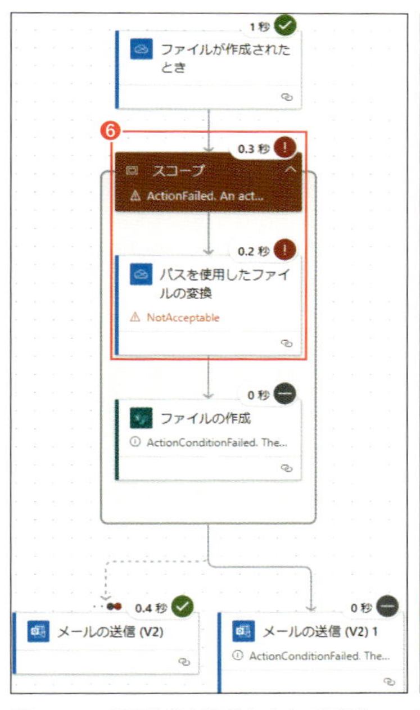

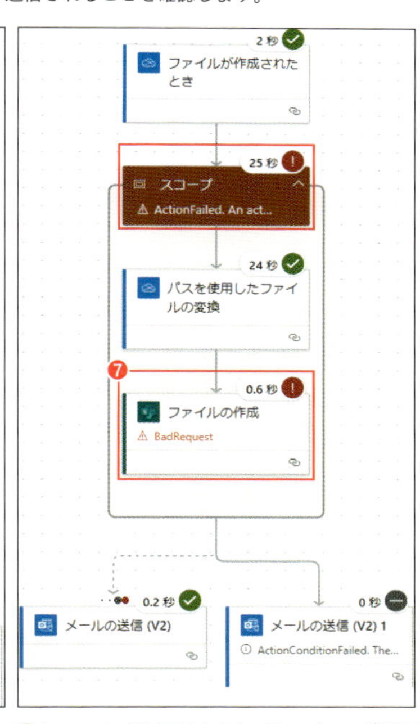

❻フローの実行結果を確認します。実行時エラーが「スコープ」オプションによって処理されていることがわかります。

❼Lesson1・2と同じように、アップロード時に同名ファイルが作成されるよう、SharePoint側のファイル名をリネームしてから、OneDrive for Businessにファイルをアップロードします。すると、同名ファイルが存在する際の実行時エラーも、「スコープ」オプションによって処理されていることがわかります。

本章で確認したとおり、Copilotはフローの自動生成に加え、フローを改良するためのアドバイスやエラー発生時の原因説明など、効率よくフローを作成するためのサポートをしてくれます。

Copilotを使いこなして、Power Automateのフローで業務を効率化していきましょう！

コラム

生成AI(Copilot)を使いこなすために

最後に、2章のコラム（P.68参照）で質問した、「「メールやチャット」「リマインド」「書類作成」のいずれにも共通することは何でしょう？」という問いについて解説をします。

「メールやチャット」「リマインド」「書類作成」の共通点は、いずれも「文章を作成する」必要があることです。

図7-8 文章の作成から相手が行動するまでのフロー

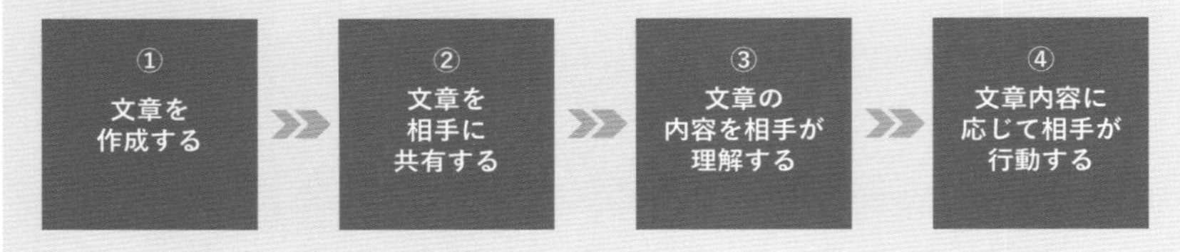

ChatGPTやCopilotのような「生成AI」は、人間からの「指示」を受け、学習済みデータを活用し、文章、画像、音楽といった、さまざまな新しいデータを生み出すことができますが、生成されるデータが、**人間の意図を理解した適切なデータであるためには、生成AIが適切な反応をするように、人間が「指示（プロンプト）」を出せることが必要**です。「AIプロンプター」と呼ばれる職業が生まれたのも、人間と生成AIの対話を円滑に進める専門家が必要だからです。

Copilotを利用してPower Automateでフローを作成する場合、ヒトが「AIプロンプター」として、Power Automateに適切な指示を出す（Copilotが適切に処理できる文章を作成する）必要があります。前述したとおり、**ヒト対ヒト、ヒト対AIであっても、共通しているのは、意図した行動が行われるよう、相手が適切に処理できる「文章を作成する」こと**なのです。ビジネスに限らない日常において、言葉を尽くして相手に理解してもらうことが、いかに重要であるかは説明するまでもないでしょう。

コンセプチャルスキルを磨くと、具体的な事象から共通点を見つけ、抽象化できるようになったり、見落としがちな目的に気づけるようになったりします。Power Automateで実現する業務の自動化の幅を広げるためにも、コンセプチャルスキルを磨き、Copilotを使いこなしていきましょう。

著者プロフィール

椎野磨美（しいの まみ）

新卒でNEC入社後、人材育成・研修業務に従事。日本マイクロソフトでシニアソリューションスペシャリストとして従事した後、日本ビジネスシステムズ（JBS）にて社員が働きやすい環境作り、組織開発・研修業務を推進。2017年働き方改革成功企業ランキング、初登場22位の原動力となる。2020年5月より株式会社環（KAN）CHO（チーフハピネスオフィサー）として、顧客と自社の組織開発・IT人材開発、コミュニティ自走支援など、社員が幸せになる働き方改善業務に従事。2023年5月より株式会社KAKEAIでチーフ・エバンジェリストに就任。「Secure System Training Tour 2004」では、Microsoft認定トレーナーの中から顧客満足度が高いトレーナー（第2位）として表彰された。また「Windows女子部」創設者としても、セミナーやワークショップを全国で開催している。既刊の著書に『Teams仕事術』（技術評論社）。

【ブログ】https://blogs.itmedia.co.jp/shiinomami/
【X(Twitter)】@Mami_UX

読者特典について

本書をご購入いただいた方の特典として、付録のPDFデータをダウンロード提供しています。代表的な関数の概要や、関数を用いたフローの改良方法など、書籍内では紹介しきれなかった応用的な内容をまとめています。ぜひご活用ください。

ダウンロードには、パスワードの入力が必要です。本書のサポートページにアクセスし、注意事項をお読みいただいた上で、以下のパスワードを入力してダウンロードしてください。

- サポートページ
  https://gihyo.jp/book/2024/978-4-297-14397-8/support

- パスワード
  Pe6aCuZx
  ※半角で入力してください

お問い合わせに関しまして

本書に関するご質問については、本書に記載されている内容に関するもののみとさせていただきます。本書の内容を超えるものや、本書の内容と関係のないご質問につきましては、一切お答えできませんので、あらかじめご了承ください。また、電話でのご質問は受け付けておりませんので、Webの質問フォームにてお送りください。FAXまたは書面でも受け付けております。

ご質問の際には以下を明記してください。

・書籍名
・該当ページ
・返信先（メールアドレス）

ご質問の際に記載いただいた個人情報は、質問の返答以外の目的には使用いたしません。また、質問の返答後は速やかに削除させていただきます。

質問フォームのURL

https://gihyo.jp/book/2024/978-4-297-14397-8
※本書内容の訂正・補足についても上記URLにて行います。あわせてご活用ください。

FAXまたは書面の宛先

〒162-0846　東京都新宿区市谷左内町21-13
株式会社技術評論社　書籍編集部
「Power Automate快速仕事術」係
FAX：03-3513-6183

• 装丁／西垂水敦（krran）
• 本文デザイン／斎藤 充（クロロス）
• DTP／田中 望（Hope Company）
• 担当／藤本広大

Power Automate快速仕事術
業務自動化の「計画」「設計」から
Copilot活用まで

2024年10月31日　初版　第1刷発行

技術評論社 Webサイト

著　者　　椎野磨美
発行者　　片岡巌
発行所　　株式会社技術評論社
　　　　　東京都新宿区市谷左内町21-13
　　　　　電話　03-3513-6150　販売促進部
　　　　　　　　03-3513-6166　書籍編集部
印刷／製本　日経印刷株式会社

定価はカバーに表示してあります。

造本には細心の注意を払っておりますが、万一、乱丁（ページの乱れ）や落丁（ページの抜け）がございましたら、小社販売促進部までお送りください。送料小社負担にてお取り替えいたします。

ISBN978-4-297-14397-8 C3055
Printed in Japan